KATE KITCHENHAM

SPIELEN BILDET — SPIELEN BINDET

60 Alltagsspiele,
die klug und
glücklich machen

KOSMOS

INHALT

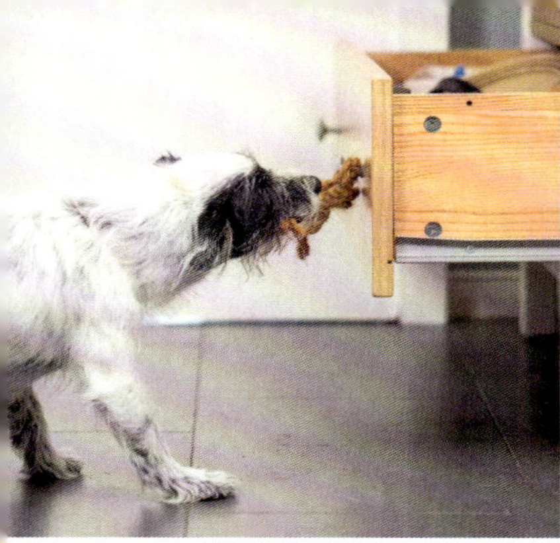

Zu diesem Buch

Immer wieder werde ich gefragt, warum Knox auch mit 11 Jahren noch so gerne und fix Neues lernt und all die abwechslungsreichen Herausforderungen liebt, die uns bei Dreharbeiten fast täglich begegnen. Die Antwort ist ziemlich simpel: Weil er Spaß daran hat!

Die Grundlage seines Lernens und seine größte Motivation, mit mir zusammen etwas zu erleben, ist die Freude am gemeinsamen Tun. Erreicht habe ich diese innere Grundhaltung fast ausschließlich durch fröhliche und spielerische Interaktion – von klein auf. Mit meinem Hund zu spielen, ihn fürs Lernen zu begeistern und nebenbei viel beizubringen – was kann es Schöneres geben?

WARUM SPIELEN SO WICHTIG IST

Die Grundlage für diese Art des Umgangs ist das natürliche Bedürfnis aller Tierkinder, sich die Welt spielerisch zu erschließen, um immer klüger zu werden und vielseitigen Herausforderungen im Leben gewachsen zu sein.
Menschenkinder klettern auf Bäume, jagen sich durch den Garten oder spielen unter Betten und im Gebüsch Verstecken. Katzenwelpen laufen mit übertrieben hohem Buckel auf steifen Beinen aufeinander zu und verknoten sich im wilden Ringkampf ineinander. Rabenrabauken fliegen halsbrecherische Verfolgungsmanöver am Himmel. Und sobald sich Hundewelpen auf ihren krummen Beinchen einigermaßen aufgerichtet haben, spielen sie ihre ersten Kampfspiele: Sie reißen zahnlose Mäuler auf, beißen sich theatralisch in Ohren und Ruten, ziehen gefährlich knurrend an alten Socken oder hüpfen auf uns zu, wenn sie uns in Spielstimmung versetzen möchten.
Dieser herrlich kribbelnde Nervenkitzel, der große Spaß, die eigenen und fremden Grenzen auszuloten, hemmungslos miteinander albern zu sein und sich voller Vertrauen miteinander gehen lassen zu können – das alles macht einfach Spaß!

SPIEL ALS KICK FÜRS GEHIRN UND DIE BINDUNG

Leider hören wir Menschen als Erwachsene oft auf zu spielen und haben dann weniger zu lachen – aber zum Glück haben wir Hunde! Denn gemeinsam albern zu sein macht nicht nur glücklich, sondern bindet uns fester aneinander, vertreibt Sorgen und macht uns fit fürs Leben. Lustige Spiele zu spielen und nebenbei Herausforderungen zu meistern löst positive Gefühle in uns aus und sorgt für entscheidende Erfahrungen, die dem Gehirn wichtige Impulse senden. Diese Impulse befeuern Lebensfreude und Klugheit, denn die neuronale Entwicklung und Vernetzung wird durch abwechslungsreiches, kreatives Spielen immer facettenreicher und generiert ganz nebenbei Erinnerungen und Gefühle, die wir exklusiv miteinander teilen.

Spielen befeuert Bindung und Lernen und macht allen Beteiligten Spaß.

BESSER ALS SEIN RUF!

Leider hatte ausgelassenes Spielen mit dem eigenen Hund lange Zeit keinen sehr guten Ruf in der Hundeszene. Klassische Befürchtungen lauteten:

– Raufspiele fördern das Beißen in Hände, das darf natürlich nicht sein!
– Zerrspiele machen aggressiv und fördern Ressourcenaggression!
– Den eigenen Hund im körperlichen Spiel überstellen und umarmen – das verängstigt ihn!
– Wenn wir den Hund im Spiel gewinnen lassen, sind wir nicht mehr die Chefin!

Derart verunsichert, trauen sich leider nur wenige Hundemenschen, körperlich oder gar albern mit dem eigenen Hund zu sein. Wie schade! Denn all die oben genannten „verbotenen" Spiele sollten wir unbedingt spielen – gerade **damit Hunde erleben können, unsere körperliche Nähe als etwas Schönes kennenzulernen, sich gemäßigt zu verhalten, sich selbst richtig einschätzen, behaupten, anpassen und Regeln akzeptieren zu können.**

FÄHIGKEITEN UND FERTIGKEITEN

Durch Solo-Spiele mit sich selbst, Spielen mit uns und Artgenossen können sie sich optimal an unserer Seite entwickeln, ihre schillernden Persönlichkeiten entfalten und lebenstauglich werden. Im Spiel werden nämlich alle Fertigkeiten für ein glückliches Hundeleben geübt:

Empathieschulung Durch Spielen entwickeln wir ein realistisches Selbstbild, erleben, wie sich Gewinnen, Verlieren und Schmerzen anfühlen und wann es wichtig ist, vorsichtiger zu sein (siehe körperliche Spiele, Seite 13), oder wir uns zurückhalten sollten. Die Fähigkeit zum Einfühlungsvermögen in unsere Beziehungspartner ist eine wichtige Kompetenz für Tiere, die in sozialen Gruppen leben und die besonders bei Jungtieren durch inniges, ausgelassenes Spiel geschult wird, das kurzfristig in das Aufzeigen von Grenzen kippen – und gleich danach lustig weitergehen kann.

Spielregeln und Frust kennenlernen Auch im lustigsten Spiel müssen wir uns an Regeln halten, müssen unsere Impulse zügeln und sind manchmal frustriert. Das Erleben vieler sozial herausfordernder Situationen im Laufe eines Spiels kann die Fähigkeit verbessern, mit Frust umzugehen, geduldiger zu werden und Impulse besser zu kontrollieren.

Vertrautheit und Bindung stärken Im Spiel kommen wir uns nahe, lernen uns besser verstehen, vertrauen uns immer mehr, teilen sehr schöne, exklusive Gefühle miteinander – die Vertrautheit vertieft und die Verbindung stärkt sich.

Reaktionsschnelligkeit und Motorik verbessern Im Spiel verfeinern sich die körperlichen Fertigkeiten, das „motorische Gehirn“ reagiert immer schneller auf Signale, wir verinnerlichen Bewegungsabläufe und werden Profis in Sachen Körperbeherrschung und Reaktionsschnelligkeit. Hunde können irgendwann immer schneller „Aus-Geben“ (Aus-Spiel, Seite 40), im Renngalopp Bäumen oder Artgenossen ausweichen oder sich durch einen Pfiff stoppen lassen, Bewegungen des Gegenübers schneller einschätzen, und die feine Mimik von Spiel oder Ernst unterscheiden sowie anhand der Körperbewegungen von Artgenosse oder Mensch vorausahnen, was der Spielpartner als Nächstes vorhaben könnte.

Emotionen transportieren Lernstoff rasant ins Gedächtnis.

Spielen macht schneller klug Im Spiel werden neue Lernerfahrungen besonders schnell im Langzeitgedächtnis abgespeichert, weil sie mit positiven Gefühlen und Aufregung verknüpft sind. Auch nach mehreren Tagen erinnern sich Hunde, die spielerisch Wörter lernen sollten, besser an den neuen Objektnamen als Kontrollgruppen ohne Spieleinheit.

Selbstwirksamkeit entwickeln Haben Hunde (neben einer Menge anderer Erfahrungen) beständig gute Spielerlebnisse im Lauf ihrer Jugend und Erwachsenenzeit gesammelt, dann können sie dabei viele Strategien erwerben, um sich stressfreier durch das aufregende Hundeleben zu lavieren. Denn im Spiel lernt man verschiedene Persönlichkeitstypen einzuschätzen und soziale Regeln zu akzeptieren und durchzusetzen. Solche Hunde wissen, wie man Grenzen einfordert, sich behauptet und auch mal klein beigibt. Durch dieses Wissen über sich und die sie umgebende Welt fühlen sich diese Hunde von sozialen und herausfordernden Situationen nicht so schnell überfordert oder ausgeliefert, sondern sind ihnen gewachsen. Sie entwickeln sich zu hoch sozialen, gelassenen, selbstwirksamen Lebewesen. Sie führen ein entspanntes, glückliches Hundeleben.

Tierkinder machen sich die Welt spielerisch vertraut.

WAS EUCH IM BUCH ERWARTET

Alltagsspiele angepasst an euren Hund

In diesem Buch findet ihr eine Sammlung von insgesamt 61 Spielen, die ihr unkompliziert, mit viel Freude und einer langen Liste an positiven Nebeneffekten im Alltag mit euren Hunden spielen könnt. Die Spiele sind nach Situation und Ort gegliedert, sodass ihr in allen Lebenslagen lustige Ideen zur Hand habt.

Das Spielziel sagt euch, was heimlich geübt wird. Die spielerischen Herausforderungen steigern sich langsam von Spiel zu Spiel, sodass ihr sie dem Entwicklungsstand eures Hundes entsprechend anpassen könnt.

Die Schwierigkeits-Stufe beziehungsweise der -grad ist an diesem Icon erkennbar:

Kompetenz- und Bindungseffekte Kleine „Kompetenzen- und Bindungseffekte" zu Beginn jedes Spiels verraten euch, welche Fähigkeiten ihr bei euren Hunden fördern könnt. Natürlich geht es hauptsächlich ums Spaßhaben. Doch Lernen und Spaß haben passen wunderbar zusammen! Den Effekt des Spiels findet ihr jeweils hinter den Icons Bindungs-Booster: und Kompetenzen-Kick:

Keine Leckerlis nötig! Auf Leckerlis könnt ihr meistens verzichten – es reicht das, was ihr sowieso schon habt: euren Körper, eure Begeisterung, eure Freude über euren tollen, unfassbar klugen Hund. Viele Lachfalten und gemeinsames „Immer-klüger-Werden" wünschen euch von Herzen

Kate mit Knox & Boo

SPIELREGELN FÜR MENSCHEN

1. Spiel für Spiel. Probiert nicht alle Spiele auf einmal aus, das könnte für Verwirrung und Überforderung sorgen. Sucht euch am besten anfangs ähnliche Spiele aus, die ihr sowieso schon gerne mit eurem Hund spielt und die vom Schwierigkeitsgrad zu euch als Team passen, und erweitert sie dann durch neue Spielvarianten und Ideen aus diesem Buch.

2. Unter dem geistigen Niveau starten. Damit „der Groschen fällt" und der Hund die neuen Spielregeln fix versteht, startet ihr am besten jedes Mal super simpel. Denn schnelle Erfolgserlebnisse beflügeln, machen Spaß und euer Hund hat Lust auf „höhere Sphären"!

3. Freuen, spielen, albern sein! Wenn wir nach einer tollen Leistung mit Hunden spielen, werden Glücks-Botenstoffe ausgeschüttet, die für intensiv schöne Gefühle sorgen und dadurch ein besonders schnelles Abspeichern von neuem Lernstoff ermöglichen. Deshalb immer freuen, spielen, von Herzen albern sein, wenn ihr zusammen etwas Tolles geschafft habt!

4. Nicht zu oft wiederholen. Damit Erfolgserlebnisse gebührend gefeiert werden können, müssen sie etwas besonders bleiben. Deshalb lieber kurz und knackig spielen und aufhören, wenn es richtig Spaß macht. So freut man sich schon riesig auf das nächste Mal!

5. Kreativ statt monoton. Wenn Hunde immer den gleichen Bewegungsablauf zeigen, ist das kein Spiel, sondern Sucht (siehe Kapitel „Ball", Seite 60). Viel besser: Immer mal wieder etwas Neues überlegen, das den Hund überrascht, ihn zum Nachdenken anregt und neue Fähigkeiten in ihm weckt. Ihr habt keine Ahnung, wie das geht? Keine Sorge, ganz viele Ideen findet ihr in diesem Buch!

6. Selbstwirksamkeit stärken. Menschen neigen dazu, Hunden das Leben zu leicht machen zu wollen – deshalb verraten wir oft zu schnell, wo etwas versteckt wurde/ wie man an den Ball kommen kann. Bei Denkspielen hilft es daher, sich zurückzunehmen und den Hund in Ruhe ausprobieren oder suchen zu lassen, bis er allein auf die Lösung kommt (siehe z. B. „Wo ging der Ball verloren?", Seite 63). So erweitern wir seinen Horizont Schritt für Schritt, seine Fähigkeiten verbessern sich – das macht ihn selbstbewusst, hartnäckiger bei der Lösung von Problemen und offen für neue Herausforderungen im Leben!

7. Aus Spaß an der Freude! Auch wenn in diesem Buch viele Kompetenzen eurer Hunde heimlich spielerisch gefördert werden – vergesst bitte nicht, ganz oft einfach nur albern zu sein und Spaß miteinander zu haben (z. B. „Fang mich", Seite 30).

8. Auf Überraschungseffekte setzen. Hunde wollen Hund sein. Sie schnuppern und traben und tauschen sich gerne mit Artgenossen aus. Das sollte den Hauptteil ihrer Lebenswelt ausmachen. Doch wenn wir hin und wieder ein nettes Spielchen aus dem Hut zaubern, erhöht das unsere Attraktivität ungemein und sie kommen gern angerannt, wenn wir rufen – es könnte ja spannend und lustig werden ...

9. Nichtstun. Bitte bombardiert euren Hund ab jetzt nicht täglich mit vielen neuen Spielideen – das könnte ihn überfordern oder eine hohe Erwartungshaltung erzeugen, der ihr wahrscheinlich nicht lange gerecht werden könnt. Geht bitte häufig einfach nur spazieren und genießt gemeinsam das schöne Leben.

10. Widerstehen. In diesem Buch findet ihr viele Spiele, die die Problemlösefähigkeit und Kreativität eures Hundes stärken. Solche klugen, selbstwirksamen Hunde versuchen hin und wieder auch, uns mit ihrer Spiellaune anzustecken. Das ist schön und macht Spaß, darauf einzugehen. Manchmal sollten wir durch eine verbindliche Ansage klar machen, dass wir jetzt nicht spielen können oder wollen („Jetzt nicht"), damit wir uns keinen kleinen „Terrorzwerg" heranziehen.

Emojis

bei jedem Spiel findet ihr drei Emojis:

Schwierigkeits-Stufe (SS) =

Bindungs-Booster (BB) =

Kompetenzen-Kick (KK) =

Sie zeigen euch, für welches Bildungslevel beim Hund das Spiel geeignet ist und welche Fähigkeiten spielerisch gestärkt werden.

RAUF- UND KÖRPERSPIELE

KNUDDELN, KUSCHELN UND RAUFEN

Besonders junge Hunde lieben es, mit vertrauten Menschen zu schmusen und ausgelassen zu raufen.

ANGEFASST WERDEN IST SCHÖN!

Raufspiele

Hundekumpels verknoten sich beim Raufspiel ineinander, drehen sich in Rückenlage, greifen mit dem Maul in die Beine, über die Schnauze oder in die Kehle, springen plötzlich auf, rennen eine Runde und „erlegen“ sich dann wieder gegenseitig.

Hunde haben beim Raufspiel nicht nur Spaß, sondern testen, wie weit sie bei ihrer Mutter, Tante, ihrem Onkel oder den Wurfgeschwistern jeweils gehen können. Sie erfahren mehr über sich, aber auch über die unterschiedlichen Persönlichkeiten ihres Umfeldes und deren Vorlieben, Stärken und Schwächen. Und wenn sie bei uns leben, möchten sie auch genau das mit uns tun.

Das Bedürfnis junger Hunde nach körperlichen Spielen sollten wir in jedem Fall nutzen. Im eigenen Interesse, weil Kuscheln mit Welpen und vertrauten erwachsenen Hunden wunderbar ist und sehr glücklich macht. Aber auch im Interesse des Hundes, weil er in den Momenten vertrauter Interaktion am besten lernen kann, was beim Raufen mit Menschen erlaubt und besonders schön ist.

HUNDEMÄULER UND MENSCHENHÄNDE

SS: 0
KK: Lebenslange Freude an der Nähe zu uns.
BB: Liebe zeigen verstärkt Liebe.
Spielziel: Beißhemmung verfeinern.

Unsere Haut ist empfindlich und nicht von einer dicken Fellschicht überzogen. Deshalb können spitze Welpenzähne hier schnell wilde Muster auf unseren Händen hinterlassen, als hätten wir im Garten mit einer Brombeerhecke gekämpft. Doch deshalb Zärtlichkeiten mit dem Maul zu verbieten, ist keine gute Idee, denn besonders jüngere Hunde zeigen uns durch das „Durchkauen“ von Gliedmaßen ihre Zuneigung. Das Maul wird von ihnen wie unsere Hand eingesetzt, sie können damit sehr viel Zärtlichkeit zeigen. Gleichzeitig lieben sie es, von unseren Händen geknibbelt, gestreichelt und ebenfalls die Beine durchgeknetet zu bekommen.

1. Wenn der Welpe sich ankuschelt, die Nähe sucht und mit dem Maul vorsichtig unsere Hand ergreift, dann freut euch darüber und lasst das zu, es ist ein Liebesbeweis.

2. Fasst mit eurer Hand in sein Gesicht, über seine Schnauze – das ähnelt dem Maulringen, das Hunde untereinander in vertrauten Beziehungen zeigen. Gleichzeitig gewöhnen wir dadurch den Hund daran, im Gesicht und am restlichen Körper angefasst zu werden und das schön zu finden.

„Beißhemmung“ erlernen Welpen mit ihren Geschwistern bei täglichen Raufspielen.

3. Das Maulringen geht manchmal in ein Raufspiel über, bei dem man den ganzen Körper miteinbeziehen kann und das wiederum in ein Rennspiel (siehe Seite 16) überleitet – lasst euch spontan darauf ein! Das ist eine sehr gute Gelegenheit, um sich besser kennenzulernen, die Bindung aufzubauen und viel Spaß miteinander zu haben.

4. Beißt der Welpe zu intensiv in die Hand oder den Arm, dann solltet ihr laut und deutlich „quieken“. Der Welpe wird verdattert gucken, doch er kennt dieses Geräusch aus der Zeit mit den Wurfgeschwistern als Signal, dass er zu stark gebissen hat.
Deshalb gleich die Chance bieten, es besser zu machen und weiter mit der Hand und dem kleinen Hundekörper interagieren. Nur so kann er lernen, wie fest er mit dem Maul in unsere empfindsame Haut beißen darf, bis es unangenehm wird. Und wird immer zärtlicher werden.

5. Nur, wenn der junge Hund überdreht und offensichtlich weiß, dass er zu doll beißt, müssen wir das Spiel durch ein strenges „Nein“ beenden. Versucht gleich anschließend, ob er jetzt vorsichtiger agiert oder weiter aufdreht. Gelingt es nicht, erfolgt der Spielabbruch, wir stehen auf und gehen weg. Wir versuchen es ein anderes Mal erneut, wenn weniger Energie vorhanden ist.

6. Wir können die Hand auch erzieherisch einsetzen, um Grenzen zu ziehen. Überdreht der Hund, kann man ihn kurz am Geschirr halten, bis er wieder ruhig geworden ist. Lasst ihn zappeln, bleibt ruhig, bis er den Frust aushalten kann. So bekommt er die Möglichkeit, sich selbst zu regulieren und sich unserer Energie anzupassen, damit das Spiel oder die zärtliche Interaktion nicht zu Ende ist. Wenn wir hier vom ersten Tag an konsequent, schnell und gelassen reagieren, wird es später gar nicht nötig sein, lautstark und körperlich Grenzen ziehen zu müssen. Hundeeltern oder -verwandte des Welpen reagieren schon auf kleine „Fehltritte“ sofort und ohne zu zögern, fordern ein Stillhalten ein oder greifen über die Schnauze. Da sie so früh reagieren, müssen sie später nicht laut werden – die Welpen lernen ganz nebenbei, die Grenzen des Gegenübers zu respektieren, und passen sich mit ihrem Spielverhalten dem jeweiligen Individuum an. Genau das sollten wir uns abgucken und früh, schnell und richtig reagieren, damit wir später keine Probleme bekommen.

7. Danach wieder zärtlich mit dem Hund sein und die Interaktion ganz bewusst ruhig beenden, damit das Abschlusserlebnis positiv ist.

Hunde lernen durch Abgucken, Ausprobieren und Feedback, wie fest man im Spiel beißen darf und wann man zu weit gegangen ist.

1. Sich über den Hund zu beugen, wird zur normalsten Sache der Welt.

2. Pfoten, Bauch und Fang – überall angefasst zu werden, ist selbstverständlich.

3. Hunde erwidern die Zärtlichkeiten mit ihrem Fang, lass Maulspiele zu.

4. Körperliche Nähe und Zärtlicheit lieben Hund und Mensch ein Leben lang.

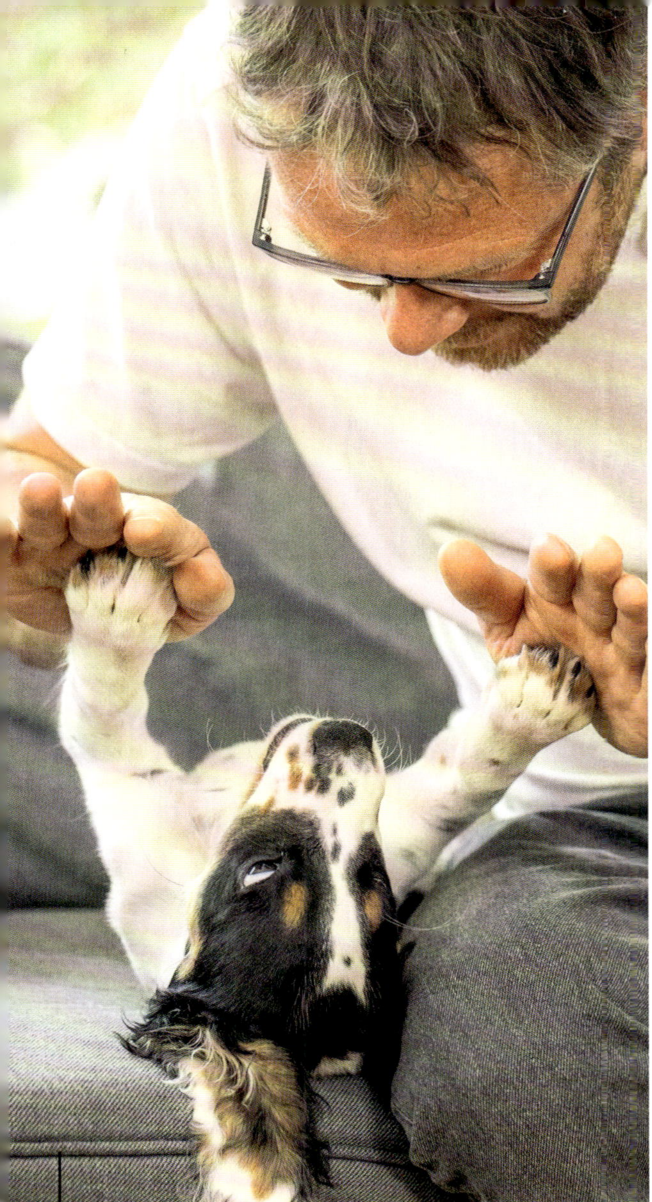

1

2

3

4

Junge Hunde müssen „Vorsichtigsein" auch lernen dürfen.

HELLO, OXYTOCIN

- **SS:** 0
- **KK:** Geborgenheit stärkt Offenheit.
- **BB:** Liebe vermehrt sich.
- **Spielziel:** Spaß haben und die Nähe genießen.

Beim vertrauten Raufspiel können sich Hunde am besten daran gewöhnen, dass Menschen mit dem Gesicht manchmal ganz nah kommen. Warum der Kontakt auf Augenhöhe so wichtig ist?

1. Weil der Blick in die Augen bei Hund und Mensch zu Oxytocinausschüttung führt. Das ist wissenschaftlich belegt.

2. Weil Hunde im Nahbereich am besten unsere Mimik richtig deuten lernen können. Zum Beispiel, dass Zähnezeigen beim Lächeln oder Lachen nett gemeint ist.

3. Weil wir in diesem Nahbereich sehr zärtlich miteinander sein können und immer mehr Nähe zwischen Hund und Mensch möglich wird.

Deshalb nutzt Raufspiele auch dazu, in zärtliche Phasen zu wechseln, in denen ihr den Hund langsam und fest streichelt, freundlich mit ihm plaudert und immer wieder den Blickkontakt sucht. All diese Aktionen fördern den Ausstoß von Oxytocin und das befeuert eure Bindung.

ÜBERALL ANFASSEN

SS: 2
KK: Medical Training – hilft euch bei jedem Tierarztbesuch.
BB: Vertrauen fördern.
Spielziel: Stillhalten für Check ups lernen.

Beim vertrauten Raufspiel gewöhnen wir Hunde spielerisch daran, dass wir uns auch mal über sie beugen und den kleinen Hundekörper überall anfassen und bewegen.

1. Über den Kopf greifen, den Hund auf den Rücken drehen, die Pfoten anfassen, den ganzen Hundekörper im Spiel fest „ausstreichen" – all das lieben Hunde, wenn wir ihnen vertraut sind, und es sorgt für die Ausschüttung von massenhaft Botenstoffen, die den Hund glücklich machen und berauschen.

2. Wenn wir das oft genug „einfach so" gespielt haben, können wir auch kurze Einheiten einbauen, in denen wir ein Stillhalten einfordern und uns zum Beispiel der näheren Untersuchung einer Pfote, des Ohres oder des Zahnfleisches widmen. So gewöhnt sich der Hund daran, still zu halten.

Unter Hunden wird dieser „Bodycheck" häufig von höhergestellten erwachsenen Tieren bei jungen Hunden durchgeführt. Die Youngsters liegen dann meist ganz still, wedeln aufgeregt und lassen sich abschnuppern. Dies dient zum einen dazu, überdrehte Kandidaten zu beruhigen (siehe Hundemäuler und Menschenhände, Seite 13, Punkt 6), aber hat wohl auch den Zweck, sich den individuellen Geruch und Entwicklungsstand des neuen Rudelmitglieds einzuprägen.

3. Danach sofort wieder weiter miteinander ruhig und zärtlich interagieren, damit die Untersuchung immer positiv beendet wird.

1. Am Anfang reichen zwei Sekunden, …

2. … bald können wir längeres Stillhalten …

3. … und Untersuchen aller Körperteile einfordern.

1

2

3

SINN FÜR HUMOR

- **SS:** 0
- **KK:** Kreativ werden und sich gegenseitig auffordern.
- **BB:** Bester Booster für eure Beziehung.
- **Spielziel:** Spielfreude wecken und Spaß haben.

Hunde haben einen ausgeprägten Sinn für Humor und lieben Menschen, die lustig sind. Aber natürlich muss diese wundervolle Veranlagung von uns gefördert werden, indem wir immer mal wieder herrlich albern mit ihnen sind.

Dazu gehört bei Hunden das niemals monotone Spiel, bei dem sich alle Elemente miteinander mischen und immer wieder abwechseln können. Es gibt keine Regeln! Außer, dass man die persönlichen Grenzen des Gegenübers wahrt und respektiert.

Hunde testen die emotionale Stimmung des Gegenübers immer wieder, indem sie die Mimik und Körpersprache stets im Blick behalten. Genau das sollten wir bei ihnen auch tun und uns ihren Vorlieben und Grenzen anpassen, damit das Spiel beiden Seiten Spaß macht!

Play Bows infizieren uns gegenseitig mit Spiellaune.

1. Aus Streicheln und Kuscheln kann zärtliches Rangeln werden.
2. Das dann in ein gröberes Raufspiel übergeht, bei dem wir mit der Hand über das Maul des Hundes fahren.
3. Wir können aufspringen und den Hund zum Rennen animieren oder uns zu einer Jagdsequenz („Fang mich", Seite 30; „Zerrspiele", Seite 32) anstiften lassen.
4. Der Play Bow sorgt artübergreifend für „emotionale Ansteckung" – unsere Lachmuskeln werden gekitzelt und wir haben Lust, zu spielen. Das funktioniert in beide Richtungen.

All diese wichtigen körperlichen Spielerfahrungen führen dazu, dass Hunde Spaß am Spiel mit uns entwickeln, ihre und unsere körperlichen Stärken und Schwächen kennenlernen, selbstbewusst werden, uns vertrauen – und sie lernen ganz nebenbei, dass es für den Spaß auch Grenzen gibt.
Kurz: Im Spiel lernen alle Tierkinder alles, was sie für ein erfolgreiches, glückliches Leben in der Gemeinschaft brauchen: Nähe, Zärtlichkeit, körperliche Geschicklichkeit und soziale Regeln.

Probiert mal aus, ob ihr mit einem Play Bow und durch Hin- und Herspringen euren Hund mit eurer Spiellaune anstecken könnt!

Körperspiele

Unser Körper ist toll – er lässt sich fantastisch einsetzen, um Hunden einen Freude-Kick zu verschaffen, zum Beispiel, wenn wir zusammen etwas Tolles geleistet haben. Auch als lustiges Trickelement, das auf Gartenpartys für begeisterten Applaus sorgt, sind diese Körperspiele bestens geeignet.

ÜBERS BEIN SPRINGEN („HOPP!")

SS: 2 – 5
KK: Kreativität und Flexibilität
BB: Vertrauensbonus
Spielziel: Belohnungs-Trick, der kickt.

Wenn Hunde über unser Bein springen, dann sieht das nicht nur lustig aus, sondern kann auch gezielt als Belohnung nach einer gemeisterten Herausforderung eingesetzt werden. Knox liebt es und weiß dann, dass er seinen „Auftrag" erfolgreich erfüllt hat und er der beste Hund der Welt ist!

1. Durch die Tür. Während der Hund wartet (Sitz und Bleib, Seite 43), setzen wir uns in einen Türrahmen und versperren den Weg mit einem Bein. Dann werfen wir das Lieblingsspielzeug über das Bein, fordern den Hund zum Holen auf und sagen, während er springt: „Hopp!" Nach dem Sprung ausgelassen spielen und noch ein paar Mal wiederholen.

1. Klappt „Hopp!" drinnen, können wir es nach draußen verlagern …

2. … und dabei das Bein langsam immer höher heben.

1

2

1

2

2. An die Wand. Jetzt stellen wir das Bein an die Wand und fordern den Hund mit dem bewusst platzierten Signalwort „Hopp!“ auf, zu springen. Theoretisch könnte er jetzt hinter uns vorbei laufen, um das hinter uns geworfene Zerrseil zu greifen ... Tut er das, wird nur „ach, schade!“ gesagt, nicht gespielt und der Hund wird erneut abgesetzt. Entscheidet er sich fürs Springen, ist die Freude riesengroß und es wird begeistert gespielt! Er fängt an, die Handlung mit dem Wort zu verknüpfen und es können sich viele neue Spielideen daraus entwickeln.

3. Freiflug. Jetzt perfektionieren wir die neue Fähigkeit und halten das Bein erst am Boden, dann, angepasst an die Größe des Hundes, immer höher in der Luft und lassen ihn zum Spielbeginn mit der Aufforderung „Hopp!“ darüber springen. Je häufiger ihr das macht, desto positiver wird das neue Wort und die neue Aktion verknüpft.

1. Irgendwann springt der Hund, weil es ihm Spaß macht.

2. Auch „High five“ ist für Knox Belohnung pur.

Tipp

Wenn wir solche „Tricks“ mit ganz viel Spiel, Spaß und Elan lernen, dann sind sie später auch super als Belohnung für eine toll erledigte Aufgabe geeignet! Wenn Knox etwas richtig gut gemacht hat, dann darf er immer über mein Bein oder auf meinen Arm (siehe „Auf den Arm springen“, Seite 24) hüpfen oder mir „High five“ geben. Jede Handlung ist für ihn mit positiven Gefühlen verbunden und deshalb ist sie für ihn die schönste Motivation!

1

2

AUF DEM RÜCKEN REITEN

SS: 3 – 6
KK: Gelassenheit, Offenheit, Erfahrenheit
BB: Vertrauensbonus
Spielziel: Jeden Quatsch fröhlich mitmachen.

1. Irgendwann kann der Hund aus Entfernung abgerufen werden …

2. … und landet sicher auf dem Rücken.

Kennt der Hund das Wort „Hopp", kann er auf Bänke im Park, in einen Schubkarren oder auf unseren Rücken springen oder von dort wieder auf Bänke, in Schubkarren oder aufs Sofa hüpfen! Was sich albern anhört, folgt einem höheren Plan: Der Hund vertraut uns immer mehr – und lernt die merkwürdigsten Situationen als normal zu akzeptieren. Eine tolle Voraussetzung für mehr Gelassenheit bei Ungewohntem im Alltag.

1. Generalisieren. Bislang ist der Hund auf Objekte oder über unser Bein gehüpft. Jetzt soll er auf den Rücken springen und dort bleiben. Deshalb kombinieren wir die Ansage mit „Hopp und Sitz". Nach ein paar Anläufen wird er verstanden haben, was er machen soll.

2. Sitzfleisch. Jetzt fangen wir an, uns zu bewegen. Wenn der Hund schon im Bollerwagen oder in einer Schubkarre (Seite 100) saß, die sich fortbewegen, wird ihm das leichter fallen. Hält er es nur ein paar Meter aus, wird er freigegeben und durch ein tolles Spiel belohnt.

3. Hoppe, hoppe Reiter. Die Reitstunde kann kleinschrittig verlängert und auch nach draußen verlagert werden. Ihr könnt den Hund auf diese Weise auch von einem Hindernis zum nächsten transportieren – zum Beispiel von einem Stuhl im Wohnzimmer zur Couch. Kleine Hunde können auch auf der Schulter Platz nehmen und getragen werden – Applaus auf Partys ist euch gewiss!

ÜBER RÜCKEN SPRINGEN

SS: 3 – 6
KK: Neue Herausforderungen annehmen, Können auf unterschiedliche Situationen generalisieren
BB: Kooperation auch mit anderen Menschen
Spielziel: Vertrauen auf andere ausweiten.

Wer auf unseren Rücken springt, kann auch lernen, auf die Rücken anderer Menschen zu springen.

1. Freunde. Leichter fällt Hunden das Springen auf Menschenkörper, wenn sie diese kennen und ihnen vertrauen. Deshalb starten wir dieses Spiel mit guten Freunden oder Familienmitgliedern. Dazu lassen wir sie eine Reihe aus Rücken bilden. Am Anfang soll der Hund bodennah von einem Rücken zum anderen springen, indem wir nebenher gehen und immer darauf deuten. Am Ende lösen wir mit einem lustigen Spiel auf – zum Beispiel, indem wir ihn jagen und nicht fangen können!

2. Kette verlängern. Hat der Hund den Sinn des Spiels verstanden, kann die erste Person in der Rückenreihe ans Ende gehen und den Hund dadurch zum Beispiel einmal durch das ganze Wohnzimmer bis zur Couch auf Rücken überqueren lassen. Ein großer Spaß für die ganze Familie!

3. Fremde Rücken. Kennt der Hund das Rückenspiel schon gut und hat Spaß daran, kann er auch über die Rücken nicht so vertrauter Menschen klettern – das aber nur, wenn er ein kleiner Entertainer ist und wirklich Spaß an solchen Showeinlagen hat.

Ein Party-Gag mit Spaß für Groß und Klein.

AUF DEN ARM SPRINGEN

- **SS:** 7
- **KK:** Viel Können
- **BB:** Vertrauen und Spaß zusammen haben
- **Spielziel:** Sich hochheben und tragen lassen.

Doggen oder Bernhardiner sind hier leider raus, aber kleine und mittelgroße Hunde können fantastisch auf unseren Arm springen.

1. Anlauf nehmen. Voraussetzung ist, dass der Hund „Hopp" schon kennt, also weiß, dass er bei diesem Wort springen soll. Setzt den Hund ab, geht ein Stück weit weg und stellt ein Bein aus. Dann ruft ihr ihn ab („und komm!") und kurz bevor er bei euch angekommen ist, klatscht ihr in die Hände, sagt „Hopp!" und klopft gegen das Bein. In dem Moment, bei dem er gegen euer ausgestelltes Bein springt: große Freude!

2. Wiederholen, wiederholen. Das wiederholt ihr immer mal wieder und fordert ihn dabei auf, etwas höher zu springen.

3. Bein reduzieren. Bei kleinen Hunden kann man nach und nach die „Bein-Hilfe" abbauen und der Hund fängt an, nach dem Run die letzten Meter in unsere Arme „zu fliegen" – ein tolles Gefühl!

4. Distanz reduzieren. Besonders kleine, sprungfreudige Hunde können auch direkt aus dem Stand in die Arme springen – ein tolles Tool, auch als Superbelohnung nach dem Lösen einer Aufgabe geeignet. Knox liebt es!

1

1. Am Anfang hilft das Bein beim Hochspringen.

2

3

4

2. Dann springt der Hund auf Klatschen oder …

3. … auf das Signalwort „Hopp“ aus dem Sitz.

4. Große Freude und eine Kuscheleinheit inklusive.

HAUS- UND GARTENSPIELE

ALBERNSEIN TUT GUT!

Beim Lernen muss nicht immer alles bierernst ablaufen. Mit der richtigen Prise Spaß klappt es oft viel leichter.

Spiel- und Spaßbasics

Spielziel: Spaß haben! Heimliche Lernziele: fröhliches und zuverlässiges Sitzen, Bleiben, Kommen, Stoppen, Ausgeben, immer klüger werden und kreativer denken!

Versprochen: Diese Spiele machen Hunde zu lustigen und mutigen Weltentdeckern, die immer gerne freiwillig und fröhlich zu uns gerannt kommen, wenn wir sie rufen. Dafür ist es ganz egal, ob wir sie mit Welpen oder unsicheren Tierschutzhunden spielen – wenn wir zuerst im ruhigen, häuslichen Umfeld mit Socken, Zerrseilen oder alten Handschuhen die Spielfreude aus unseren Hunden herauskitzeln und dann die Herausforderungen und Ablenkungsreize ganz langsam steigern, wird sich unser Hund wie selbstverständlich auf uns fokussieren und nebenbei mit sehr (!) viel Spaß all das lernen, was für ein entspanntes, glückliches Hundeleben an unserer Seite wichtig ist. Also an die Spiele, fertig, los!

SPIELEN LERNEN?

Bevor Hunde bereit für große Herausforderungen sind, müssen manche von ihnen das Spielen erst noch lernen. Das hört sich komisch an? Stimmt, aber es gibt leider Hunde, die in ihren ersten Lebenswochen oder -jahren nicht erleben konnten, wie viel Spaß das Spielen mit Menschen macht. Aber zum Glück ist es nie zu spät, um das nachzuholen! Am besten fangt ihr gleich damit an – und zwar ohne Hintergedanken, ganz vorsichtig – und steigert dann langsam die Energie. Dann arbeitet ihr euch langsam ran an das Ziel, euren Welpen oder „Second-Hand-Hund" spielerisch für neue Herausforderungen im Leben zu begeistern. Haben Hunde (oder andere sozial lebende Tiere, wie zum Beispiel wir Menschen) erst einmal Feuer gefangen und die Freude am spielerischen Lernen kennengelernt, dann möchten sie meist lebenslang nicht mehr damit aufhören und lernen immer schneller neue Dinge und bleiben bis ins hohe Alter geistig fit. Starten wir jetzt also mit den Spiel- und Spaßbasics!

Spielen kann Sensibelchen und Angsthasen mutiger machen.

1

2

3

FANG MICH!

1. Wir rennen und zerren um die Wette.

2. Knox gewinnt und wird gejagt.

3. Er motiviert mich, indem er mir die Socke beinah überlässt, …

SS: 0

BB: Wir teilen intensive positive Gefühle, die uns fest binden; wir lernen uns beim Lustigsein richtig gut kennen.

KK: Wir können die Körpersprache des Gegenübers immer schneller lesen und darauf reagieren; die Kreativität von Hund und Mensch wird gefördert.

Spielziel: Sich albern jagen, auch mal stolpern und hinfallen, den Hund gewinnen lassen und dabei sehr viel Spaß haben!

Schnappt euch ein Spielzeug und animiert euren Hund zur Verfolgungsjagd oder jagt euch gegenseitig einfach so über die Wiese! Versteckt euch hinter Büschen, startet einen Überraschungsangriff, indem ihr eine Abkürzung nehmt –, und rennt dann stolpernd hinter eurem weghechtenden Hund her. Die Abwechslung machts und sorgt dafür, dass wir ganz ohne höheren Plan im Kopf ausgelassen zusammen viel Spaß haben. Ein paar Spielregeln sollten wir aber im Hinterkopf behalten:

1. Jeder darf gewinnen. Diese erste Spielregel richtet sich an uns Menschen, denn Hunde kennen sie schon auswendig. Rollenwechsel – also mal Gewinner, mal Verlierer sein – ist ein Kriterium für echtes Spiel und sorgt für große Freude am Albernsein mit uns. Wir jagen uns also durch den Garten, spielen „Fangen" oder versuchen, dem Hund ein Zerrseil oder die Socke abzujagen. Dabei ist es total egal, was für eine Figur wir abgeben – wir dürfen vergessen, was andere denken, denn wir sind nur hier in diesem schönen Moment mit unserem Hund.

2. Schissbuxen mutig machen. Besonders unsichere Hunde aus dem Tierschutz beobachten hier gerne andere Hunde beim ausgelassenen Spiel mit Menschen und bekommen dann Lust, mitzumachen. Such dir also vertraute Hunde, mit denen du spielst, und lasse deinen Hund dabei zusehen, ohne ihn unter Druck zu setzen, mitmachen zu müssen. Irgendwann animierst du ihn dann vorsichtig, es auch mal zu probieren. Begib dich auf Augenhöhe, mach den „Play Bow", springe leicht vor ihm hin und her. Reduziere am Anfang noch die Körpersprache. Je besser wir uns kennen und je mehr wir uns vertrauen, desto wilder und schneller kann es zugehen und umso „lauter" können wir werden. Vielleicht möchte er ein Zerrseil, das am Boden weggezogen wird, fangen. Wenn er es hat, dann lass ihn gewinnen! Er soll sich mutig und toll fühlen und den Spaß am Spiel mit dir entdecken. Erfolgserlebnisse und schöne Gefühle machen selbstbewusst und werden ihm die Tür öffnen, um noch viele andere lustige Spielideen zusammen mit dir zu entdecken.

3. „Böse sein" ist lustig! Beim Spielen werden Alltagsgesetze in ihr Gegenteil verkehrt – das finden nicht nur Kinder, sondern auch Hunde sehr lustig. Ist die Beziehung zum Hund schon etabliert und die Zuverlässigkeit im Alltag groß (er kommt/ er bleibt/ er gibt Aus …) dann darf der Hund jetzt „verkehrte Welt spielen" und eben mal nicht „gehorchen"! Er kommt nicht, wenn wir ihn im Spiel rufen (oder wenn, rennt er hoppelnd und frech an uns vorbei!), er gibt nicht ab, wenn wir sagen „gib mal her" – sondern haut sogar noch ab mit dem geklauten Objekt! Die meisten Hunde lieben es, wenn wir „schimpfen" und sie mal „böse" sein dürfen!

4. … dann aber ganz schnell wieder mit ihr abhaut.

4

ZERRSPIEL

SS: 0 – 2

BB: Spaß verbindet, wir werden sehr beliebt.

KK: Gewinnen und verlieren, unser Verhalten lesen lernen, nachdenken lernen und Lobwörter verinnerlichen.

Spielziel: Hunde lernen uns immer besser kennen durch Spielen auf Augenhöhe und haben großen Spaß.

1. Zum Zerren animieren. Wir laufen mit dem Seil in der Hand auf Hundenasenhöhe davon und animieren den Hund, das Seil zu verfolgen. Hat er es gegriffen, zerren wir hin und her – nicht zu wild, immer kontrolliert. Unsichere Hunde lassen sich schnell beeindrucken – spielt behutsam, macht euch klein, bleibt auf allen Vieren, vermeidet zu grobe Bewegungen und lasst den Hund schnell gewinnen.

2. Gewinnen lassen! Ganz „aus Versehen" lassen wir das Seil los und der Hund zwitschert damit ab. Warum das wichtig ist? Gewinnen fühlt sich verdammt gut an! Dafür sorgen Endorphine, die in diesem Moment durch die Hundeblutbahn kreisen. Dieses Siegergefühl sollte jeder von uns ab und zu genießen dürfen, auch unser Hund, zumal er dadurch immer mehr Lust bekommt, mit uns zu spielen.

3. Den Hund jagen. Wir versuchen jetzt, das Spielzeug zu ergattern, jagen den Hund durchs Haus oder den Garten und bekommen ihn nicht zu fassen. Verlierer zu sein sorgt nicht dafür, dass wir nicht mehr die Chefin sind, die man nicht ernst nehmen kann. Im Gegenteil: Gute Chefs haben kein Problem damit, auch mal zu verlieren, weil sie sich ihrer Position sicher sind.

Nadja geht auf Almas Spieleinladung ein.

1

2

1. Übertriebene Mimik und Gestik zeigen, dass Fibi großen Spaß am Spielen hat.

2. Else muss warten, während Kessy und Jessica spielen.

4. Gewinner sein. Auch wir gewinnen hin und wieder. Auch wir sind mal unberechenbar flink, schlagen einen schnellen Haken und verstecken das Zerrseil an einem Ort, an den man nur mit Überlegung kommt und dadurch raffiniert klauen kann. Ein schwieriges Problem selbst zu lösen, stärkt wiederum das Selbstwertgefühl und sorgt für sichere, kluge Hunde an unserer Seite.

5. Hund loben! Wenn wir im Spiel hin und wieder Lobwörter wie „Fein!"/ „Toll!"/ „Gut!" benutzen, verknüpft unser Hund die „Laute" mit positiven Gefühlen. Dadurch wird er im Alltag verstehen, wann er etwas gut und toll gemacht hat – auch auf Distanz.

6. Pfoten putzen. Die meisten Hunde finden Pfoten sauber machen überflüssig. Doch wenn am Ende der Prozedur ein lustiges Zerrspiel in Aussicht steht, dann ist es nur noch halb so schlimm, kurz stillzuhalten. Knox und Boo dürfen nach dem Putzen immer mit dem Handtuch zerren und es am Ende klauen – deshalb steht bei uns Pfotenputzen hoch im Kurs.

7. Aggressionen sind Spielverderber. Beim Beutespiel neigen manche Menschen oder Hunde dazu, den Besitz eines Objektes plötzlich sehr wichtig zu finden. Bei Hunden ist das an einer veränderten Körpersprache und Knurrgeräuschen deutlich zu erkennen. Das sorgt für sofortigen Spielabbruch! So lernt der Hund (oder Mensch), dass man so keinen gemeinsamen Spaß mehr hat, und muss sich andere Strategien überlegen, um mitspielen zu können. Zum Beispiel auch mal die anderen gewinnen lassen.

Sind Zerrspiele gefährlich?

Manche Hundetrainer und -besitzerinnen finden das gemeinsame Zerren an stinkenden Socken, alten Handschuhen oder Zerrseilen leider doof. Das ist sehr schade, denn das „Streiten" um einen tollen Gegenstand ist das beliebteste Spiel unter Hunden.

Guckt man in die Welpenkiste beim Züchter oder vertrauten Hundekumpels beim Zergeln zu, dann wird schnell klar: um die Wette laufen, rangeln, Kämpfe spielen und auch kuscheln wird häufig durch einen Gegenstand ausgelöst, um den ein spielerischer Kampf entbrannt ist. Die tatsächliche Wertigkeit des begehrten Gegenstandes ist dabei vollkommen egal. Entscheidend bei diesem lustigen Spiel ist, dass es alle unbedingt haben wollen. Dabei passiert sehr viel: Man zieht gemeinsam – das verbindet. Mann knurrt spielerisch, guckt sich aus großer Nähe ins Gesicht und lernt, die Mimik des anderen zu lesen. Mal gibt man nach, mal gibt man ab, mal tut man so, als ob man gefährlich wäre. Manchmal gewinnt man und läuft stolz wie Oskar mit der Trophäe im Maul davon, während der Kumpel einen jagt.

Im Zerrspiel lernen wir also viele Emotionen kennen:

11. wie schön es ist, zu gewinnen,

12. wie wir unser Gegenüber zum Weiterspielen animieren, indem wir es mit der Möglichkeit zum Seilklau locken,

13. dass es auch großen Spaß macht, die Rollen zu wechseln und den Dieb zu jagen.

Persönlichkeits- und Beziehungsentwicklung

Zerr- und Jagdspiele wechseln sich dabei ab und können in Rangeln und Kuscheln übergehen. Es steckt also viel Potenzial für Persönlichkeits- und Beziehungsentwicklung im Zerrspiel. Warum also haben so viele Menschen Hemmungen mit Hunden Zerrspiele zu spielen? Weil erstens viele Menschen die Spielregeln nicht so gut kennen wie Hunde und zweitens, weil wir Zweibeiner oft Probleme haben, uns in die Persönlichkeit unseres Hunde-Gegenübers hineinzuversetzen.

Wichtig ist nur eins zu wissen: Es ist alles kein Ernst, sondern Spiel. Mal gewinnt der eine, mal der andere. Wer sich zu sehr in den Besitz hineinsteigert und dadurch unkontrolliert und wütend wird, mit dem wird nicht weitergespielt. So einfach ist das unter Hunden und führt dazu, dass Spielverderber keinen mehr zum Spielen finden – oder ihre Strategie ändern. Denn wer nett bleibt und den Gegenstand immer hergeben kann, für den öffnen sich durch Zerrspiele Türen für viele fröhliche und lehrreiche Spaßmomente! Zerrspiel ist wie ein „Gespräch" zwischen zwei Hunden oder Hund und Mensch. Hier bietet sich eine tolle Gelegenheit für uns, um sich besser kennenzulernen, sich auszuprobieren aber natürlich auch, um sich zu positionieren. Das sollten wir nicht ungenutzt lassen!

Charly's-Werkstatt

1

2

SOCKE AUS- UND SCHUBLADEN AUFZIEHEN

1. Nutze das Signalwort „Zieh!“ in unterschiedlichen Situationen, ...
2. ... damit dein Hund es auf andere Herausforderungen übertragen kann.

SS: 2 – 5
BB: Lachen verbindet.
KK: Kreativität und Eigeninitiative
Spielziel: Der Hund entwickelt noch mehr Humor und lernt das Wort „Zieh“/ „Pull“.

Hunde mit Humor bringen uns öfter zum Lachen und deshalb lohnt es sich auch im eigenen Interesse, ihre humoristische Ader zu fördern. Besonders wenn Hunde Dinge tun, die „böse“ sind, löst diese „verkehrte Welt“ fröhliche Gefühle in uns aus. Und nebenbei unterstützen wir damit, dass Hunde immer wieder neue Ideen entwickeln, um uns zum Spielen zu animieren. Zum Beispiel, indem sie unsere Socken klauen oder Haarbänder aus dem Haar ziehen.

1. Ziehen & Jagen. Nehmt euch die „Spielsocke“ und zieht sie so locker an, dass der Hund die Spitze gut greifen kann. Jetzt animieren wir ihn durch ein Zerrspiel mit dem Fuß an der Socke zu ziehen und sagen gleichzeitig das passende Signalwort, zum Beispiel „Zieh aus“. Hat er die Socke „erbeutet“, wird er wild durch die Wohnung gejagt.

2. Haar-Variation. Hat der Hund verstanden, was „Zieh“ oder „Pull“ bedeutet, kann das Spiel auf andere Gegenstände übertragen werden. Zum Beispiel kann man ihm beibringen, Haarbänder aus dem Haar zu ziehen: Dazu setzen wir uns mit dem Rücken vor den sitzenden Hund, knoten ein dickes Haargummi locker und weit unten in den Zopf und fordern ihn durch Drauftippen auf, daran zu ziehen: „Zieh!“ Viele Hunde übertragen das bekannte Wort schnell auf die neue Situation und wissen, was zu tun ist. Je vertrauter die Übung ist, desto fester und höher kann der Pferdeschwanz gebunden werden.

3. Schubladen öffnen. Wenn wir ein Seil an die Schublade binden und ihn zum Ziehen auffordern, lernt unser kluger Hund schnell, Schubladen zu öffnen. Die Freude ist umso größer, wenn in der Schublade ein tolles Spielzeug liegt, mit dem gespielt wird. Auch ein Leckerli ist eine beliebte Überraschung, wenn er die Schublade aufgezogen hat.

4. Spielzeug oder Leine holen. Die nächste Schwierigkeitsstufe ist, wenn wir die Handlung mit mehreren Objekten verknüpfen (Wörter lernen, Seite 58). Später können wir dann auf dem Sofa sitzen und den Hund auffordern, sein Zerrseil oder die Leine aus der Schublade zu holen, um anschließend damit zu spielen oder zu einer tollen Hunderunde aufzubrechen. Manche Hunde ergreifen allerdings immer häufiger die Initiative und bedienen sich selbstständig an der Hundeschublade …

Wenn der Hund zu häufig mit Spielideen um die Ecke kommt, hilft es, hin und wieder zu widerstehen (Spielregel Nr. 10, Seite 8).

Ob Socke, Haargummi oder Schublade – kräftig ziehen! Bravo, Boo!

1

AUSGETRICKST!

1. Die ersten Male ist Knox drauf reingefallen.

- **SS:** 5 – 10
- **BB:** Großes Vertrauen von beiden Seiten.
- **KK:** Der Hund durchschaut uns und unsere Ablenkungsmanöver und entscheidet sich bewusst, nicht darauf einzugehen. Sehr klug!
- **Spielziel:** Den Hund lernen lassen, NICHT auf unsere Ablenkungsmanöver hereinzufallen.

Hunde, die schon lange bei uns leben, spielen voller Vertrauen und beherzigen alle Spielregeln. Wenn wir mit einer „Beute" spielen, werden wir meistens keine Chance haben zu gewinnen, weil unsere Hunde viel wendiger sind als wir. Doch wir können versuchen, sie „auszutricksen". Die ersten Male wird der arme Hund auf uns reinfallen. Doch ganz bald durchschaut er uns! Kluger Hund.

1. Ablenkungsmanöver. Leider können wir unserem viel schnelleren Hund das Spielobjekt nicht abluchsen. Deshalb schenken wir plötzlich einem anderen Gegenstand unsere Begeisterung („Oh, was für ein toller Tannenzapfen liegt denn da!") oder tun so, als hätten wir jenseits des Gartenzauns etwas sehr Spannendes entdeckt, „wuffen" vielleicht sogar. Jeder Hund findet toll, was wir toll finden und wird neugierig angetrabt kommen, um zu gucken, was wir entdeckt haben.

2. Die Falle schnappt zu. Das ist unser großer Moment: Jetzt können wir versuchen, ihn zu fangen oder ihm das Objekt abzunehmen, dass er vielleicht sogar irgendwo liegen gelassen hat. Das Spiel geht weiter, der Rollenwechsel führt dazu, dass wir jetzt die Gejagten sind und mit dem Zerrseil abhauen.

3. Der Hund durchschaut uns. Je häufiger wir diesen „Trick" beim Beutespiel anwenden, desto schneller wird der Hund uns durchschauen und nicht mehr auf das Ablenkungsmanöver eingehen. Egal, wie kreativ wir werden, der Hund behält uns im Blick, „lacht" dabei, weil er weiß, was wir vorhaben – aber **ganz bewusst nicht!** darauf eingeht.

2

3

4

2. Heute ignoriert er mein läppisches Ablenkungsmanöver.

3. Und ich habe keine Chance, die Socke zu ergattern.

4. Verlieren gegen kluge Hunde macht viel Spaß!

DAS AUS-SPIEL

SS: 0 – 2
BB: Was wir tun, ist spannend!
KK: Kooperationsfreude, Belohnungsaufschub, Dinge abgeben – immer, alles!
Spielziel: Der Hund gibt gern und sofort Dinge ab, weil das tolle Spiel anschließend noch spannender wird und weitergeht!

Bei diesem Spiel lernt der Welpe oder Tierschutzhund, etwas für ihn Wertvolles abzugeben. Diese Fähigkeit kann im Notfall lebensrettend sein. Natürlich muss man später auch in ernsten Situationen dieses Wort gebrauchen, doch zunächst etablieren wir es, indem wir aus der eigentlich ernsten Angelegenheit ein lustiges Spiel machen. Alle meine Hunde haben durch das Aus-Spiel fix ausgeben gelernt und tun das sehr zuverlässig, auch wenn sie gefährliche Dinge gefunden haben. Boo sogar schon mit 12 Wochen! Wichtig ist, den Hund sofort riesig zu loben, wenn er den alten Döner, der am Bordstein lag, ausgibt und ihm ein Super-Leckerli zu geben!

1. Zerrspiel spielen. Wir spielen das Zerrspiel und sagen ganz plötzlich „Aus". Unser Hundekind/ Tierschutzhund kennt die Bedeutung dieses Wortes noch nicht. Deshalb greifen wir dem Welpen/ Jungtier vorsichtig in die Schnauze, drücken sie sanft auseinander und wiederholen dabei deutlich das Wort „Aus". Beim Tierschutzhund, mit dem wir noch nicht vertraut sind, hören wir einfach auf zu spielen, werden langweilig und sagen jedes Mal, wenn er oder sie uns fragend ansieht, langweilig und geduldig „Aus".

2. Loben durch Weiterspielen. Rückt der Welpe oder Tierschutzhund das Seil heraus, freuen wir uns riesig, loben SOFORT und werfen das Spieli schnell ein Stück weg, damit der brave Hund es wieder holen kann. Dann wird mit ansteckender Freude sofort weitergespielt.

Spiel und Stress

Ein tolles Objekt an uns abzugeben, kostet jeden Hund erst mal Überwindung. Doch eine Prise Stress ist kein Problem, denn Herausforderungen überwinden gehören zu jedem guten Spiel dazu. Neurowissenschaftler konnten sogar zeigen, dass leichter, positiver Stress den Lernprozess beschleunigt. Wir dürfen also gern im Spiel vom Hund etwas fordern, ohne dass der Spaß verloren geht.

1

2

3

4

3. Aus! wiederholen. Wenn wir nach einer kurzen Spielphase das Wort „Aus“ und das Freigeben wiederholen, beginnt unser schlauer Freund zu ahnen, was „Aus“ bedeutet, nämlich dass er seine Kiefermuskeln lockern und das Spielzeug freigeben soll. Und dass „Aus“ nicht schlimm ist, sondern zum Spiel dazugehört.

4. Aus! festigen. Das Aus-Spiel spielen wir im Lauf des Tages immer mal wieder. Achtet darauf, es nicht zu oft zu wiederholen, damit es lustig bleibt. Aber zwei, drei Mal sind wichtig, damit der Hund sich immer schneller erinnert. Ganz fix sendet sein motorisches Gehirn auf das Wort „Aus“ Signale an die Kiefermuskeln, das Spielobjekt freizugeben – er hat das Wort mit der Handlung verknüpft und reagiert immer schneller.

5. Aus-Versicherung. Kein Spiel, aber im Zweifel lebensrettend kann es sein, den Hund ab und zu auch leckere Kaustangen ausgeben zu lassen, falls er doch mal etwas Fressbares findet. Probiert es aus!

1. Boo spielt ein Zerrspiel mit mir.

2. Ich sage „Aus“ und helfe am Anfang etwas nach.

3. Sobald sie das Seil loslässt, wird weitergespielt.

4. Schon bald gibt sie fröhlich und gerne „Aus“.

SITZEN UND WARTEN IST ÖDE?

Auf keinen Fall! Jedenfalls nicht, wenn wir abwechslungsreich, mit steigernder Herausforderung, viel Spaß und Belohnung üben.

DAS SITZ-UND-BLEIB-SPIEL

SS: 0 – 10
BB: Innehalten einfordern und danach spielen macht es spannend!
KK: Sitzen und Bleiben können, Belohnungsaufschub, Impulskontrolle, Konzentrationsvermögen
Spielziel: Der Hund verinnerlicht, was „Sitz" und „Bleib" bedeuten.

Auch „Sitz und Bleib" kann ein lustiges Spiel sein! Aus Spaß und zu Trainingszwecken sollten wir es unbedingt spielen. Natürlich können wir das Hinsetzen und Bleiben parallel mit Leckerli üben. Doch spielerisches Lernen verdient einen ebenbürtigen Platz, weil es Spaß macht und das Lernen so in unterschiedlichsten Situationen stattfindet. Dadurch wird der „Stoff" noch schneller abgespeichert.

1. Hinsetzen verinnerlichen. Euer Hund kennt wahrscheinlich schon das „Sitz" aus einem anderen Kontext? Dann könnt ihr es jetzt mitten im schönsten Spiel sagen und dabei das Spielzeug hoch über die Hundenase halten. Wenn er sich durch die Gewichtsverlagerung setzt, freut ihr euch und haltet – ganz wichtig – diese Position kurz, gerne auch mit sanfter, aber überzeugter Unterstützung eurer Hände! Dabei loben wir mit unseren Lobwörtern, die der Hund schon kennt („Super, Sitz!" „Fein, Sitz!" „Gut!"), um dann nach ca. drei Sekunden mit einem Signal aufzulösen (zum Beispiel „Und Lauf!"). Anschließend wird ausgelassen gespielt. Das macht nicht nur Lust auf noch mehr Lernen, sondern ist auch für das Wortgedächtnis wichtig. Mehrere Studien haben unabhängig voneinander zeigen können, dass Hunde neue Wörter am schnellsten lernen, wenn wir anschließend ausgelassen mit ihnen spielen. Natürlich versteht euer Hund im ersten Moment noch nicht, was diese Wörter bedeuten. Aber je häufiger ihr „Sitz" verwendet, wenn er sich ohnehin gerade hinsetzt („Sitz! Super!") oder es im spielerischen Kontext sagt, wenn er sich zufällig gesetzt hat, desto fixer wird er es mit der Körperbewegung des Sitzenbleibens, Innehaltens und Aufspringens („Und Lauf!") verknüpfen.

2. „Bleib": Handsignal und Wort kennenlernen. Weil der Hund lernen soll, erst nach dem Auflösewort wieder aufzuspringen, können wir von Anfang an mit der freien Hand das Bleib-Zeichen zeigen und das passende Wort dazu sagen. Kann unser kluger Hund schon kurz sitzen und wartet auf das Auflösewort, dann wird zur Belohnung gespielt. So wird das „Sitzenbleiben" zum Teil eines fröhlichen Spiels.

3. „Bleib" verinnerlichen und das Handsignal etablieren. Jetzt steigern wir die Herausforderung, indem der Hund noch etwas länger sitzen bleiben soll und wir uns dabei nach und nach von ihm entfernen. Dazu gehen wir in sehr kleinen Schritten vor und lösen immer fröhlich auf, **bevor** der Hund überfordert ist. Denkt stets daran, dass ein junger

> Jedes von uns erteilte Signal wird wieder aufgelöst, damit der Hund eine Zuverlässigkeit entwickeln kann.

Am Anfang können wir mit einem Finger im Geschirr helfen, damit es klappt.

oder unerfahrener Hund aus dem Tierschutz die Konzentration immer nur kurz halten kann. Wenn wir das berücksichtigen, haben wir immer ein Erfolgserlebnis und das motiviert Hunde ungemein, mehr schaffen zu wollen! Deshalb geben wir für jede Sekunde länger Sitzenbleiben sofort mit ruhiger (!) Stimme ein positives Feedback („Fein, Bleib!" „Gut, Bleib!"). Parallel zeigen wir das Handsignal, sozusagen als zusätzliche Versicherung, dass er weiß, was er machen soll. Auf größere Distanz wird es später zur ausgestreckten, abgewinkelten flachen Hand, die wir dem Hund entgegen halten und klar und deutlich „Bleib!" sagen. Am Anfang wird jede Sekunde längeres Stillsitzen belohnt, auch mal mit einem Leckerli.

4. Bleiben trotz Aufrichten. Klappt das Bleiben ohne Festhalten schon sicher und ungefähr für fünf bis zehn Sekunden, können wir uns vorsichtig bewegen, während der Hund sitzenbleiben soll. So drücken wir in der Hocke die Knie leicht durch – und hocken uns wieder hin. Kurz Spannung halten – und dann auflösen, Spielzeug werfen, riesig freuen und albern spielen! Irgendwann können wir uns ganz aufrichten und wieder hinsetzen, während unser Hund fröhlich sitzenbleibt, weil er sich auf das Auflösen und Spielen oder Leckerli freut.

5. Weggehen. Jetzt gehen wir einen Schritt vom Hund weg – kommen gleich zurück, hocken uns hin, halten kurz die Spannung und lösen fröhlich auf! Spielen, Freuen und Albernsein

1

2

nicht vergessen! Über die nächsten Tage verteilt könnt ihr immer länger stehen bleiben und immer weiter weggehen. Auch in dieser Phase gehen wir noch zurück zum toll wartenden Hund und lösen erst dann auf.

6. Weit weggehen. Die Distanz wird langsam erhöht und irgendwann rufen wir ihn sogar ab, anstatt zu ihm zurückzugehen. Das „Zu-uns-rennen-Dürfen" ist dann die schönste Belohnung – hier sollten wir den Hund kurz ruhig streicheln und loben, bevor wir mit ihm spielen. Das ist wichtig, damit die Erwartungshaltung nicht zu übermächtig wird und den Hund daran hindert, bleiben zu können. ACHTUNG: Das Abrufen aus dem Warten klappt erst, wenn der Hund richtig sicher sitzenbleibt!

7. Werfen und warten. Der Hund soll sitzen bleiben, obwohl wir sein liebstes Spielzeug weit wegwerfen. Das fällt Hunden am Anfang schwer, deshalb sollten wir ihn die ersten Male mit Geschirr und Leine absichern, um zu verhindern, dass er lossprintet. Wiederholt deutlich „Bleib", werft nur einen halben Meter weit und gebt ihn dann mit „Und hol's dir!" frei. Mit der Zeit kann die Leine weggelassen und das Spielzeug weiter weggeworfen werden – der Hund hat gelernt, dem Reiz zu widerstehen, und wartet geduldig, bis er aufgefordert wird. Fröhlich spielen nicht vergessen.

8. Werfen, warten, kommen, holen. Noch mehr Steigerung findet ihr bei den Spielen „Findefuchs", Seite 91 oder „Da und Weg", Seite 96.

Sollte der Hund von alleine aufstehen, sofort mit dem Wort „Schade" auf den Platz zurückbringen und nach kurzem Aushalten auflösen.

3

1. Am Anfang nur kurz stehen und sich gleich wieder hinhocken.
2. Hin und wieder wird der Hund ruhig mit einem Leckerli belohnt.
3. Ist das „Sitz" beendet, ist Zeit für Bewegung. Ein Zerrspiel festigt die vorangegangene Übung.

DAS PLATZ-UND-BLEIB-SPIEL

- **SS:** 1 – 4
- **BB:** Weniger Diskussionen im Alltag
- **KK:** Hinlegen können fördert die Gelassenheit, die Impulskontrolle wird verbessert.
- **Spielziel:** Hunde können überall abgelegt werden und so auch schneller zur Ruhe kommen.

Euer Hund kennt wahrscheinlich schon das Wort „Platz"/„Down" aus verschiedenen Alltagssituationen. Mit dem entsprechenden Spiel könnt ihr dieses Signalwort positiv und schnell festigen!

1. Decke hinlegen. Im Alltag etabliert ihr das Wort am besten, wenn der Welpe sowieso müde ist und sich auf seinen Platz oder seine Decke legt. Lobt ihn ruhig, wiederholt das Wort („Fein Platz"/ „Down") – so kennt er es schon und hat eine Ahnung davon, mit welcher Handlung es verknüpft sein könnte.

2. Kriechen. Wir können das Wort dann auch sagen, wenn wir mitten im schönsten Zerrspiel das Zerrseil unter unseren aufgestellten Beinen hindurchziehen. Während der Hund unter die Beine kriecht, legt er sich hin. Wir halten ihn kurz in dieser Position, sagen „Platz"/„Down" oder „Fein, Down" und lösen mit dem Weiterziehen des Seils auf. Das Wort „Platz"/„Down" können wir auch sagen, wenn der Hund sich von alleine hinlegt – so lernt er noch schneller, das Wort mit der Bewegung zu verknüpfen.

Fibi lernt, aufregende Situationen auszuhalten.

Mithilfe des „Beintunnels“ lernt Boo, sich hinzulegen. Für sie ist alles ein Kinderspiel.

Weil manche Hunde nicht gerne liegen, kann man diese Position mit einem Leckerchen beliebter machen.

3. Wiederholen. Durch ständige Wiederholung fängt der Hund an, sich an das Wort zu erinnern und wird sich immer häufiger hinlegen. Wichtig: Auch hier bei Bedarf festhalten und immer auflösen – und danach großartig über den tollen Hund freuen.

4. Handsignal etablieren. Irgendwann können wir die Hand dazunehmen und das Zeichen für „Platz“ einführen: der parallel zum Boden ausgestreckte Arm.

5. Platz und Bleib. Sobald der Hund den Sinn des Wortes begriffen hat, können wir wie beim Sitz und Bleib anfangen, vor dem Hund aufzustehen und später wegzugehen. Am Anfang immer wieder zurückgehen und ruhig auflösen, doch irgendwann kann unser toller Hund aus dem Liegen abgerufen werden – und dann ist natürlich wieder Spielzeit! Das fröhliche Spiel nach dem geduldigen Warten ist die schönste Aussicht auf Belohnung, sodass der „Belohnungsaufschub“ immer lieber gezeigt wird. Wichtig: Leicht erregbare Typen lösen wir mit ein bisschen weniger Tamtam auf als tiefenentspannte Kandidaten, damit bei ihnen die Erwartungshaltung nicht zu hoch geschraubt wird und sie das Liegenbleiben noch leisten können.

1

2

DAS NEIN-SPIEL

1. Eine schwierige Herausforderung für Welpen.

2. Der Blickkontakt und das Warten werden sofort belohnt.

SS: 1 – 2
BB: Weniger zermürbende Diskussionen in vielen Alltagssituationen
KK: Belohnungsaufschub und Impulskontrolle wird gestärkt.
Spielziel: „Nein“ gar nicht doof, sondern spannend finden.

Die meisten jungen Hunde heißen mit zweitem Vornamen „Nein“. Wir können das Spielverderber-Wort jedoch sehr positiv besetzen, indem es Teil eines lustigen Spiels wird! Durch dieses Spiel wird das doofe Wort mit spannenden Gefühlen verknüpft, die Hunde verstehen viel schneller, was „Nein“ bedeutet und können es leichter auf „echte“, also ernste Situationen im Alltag übertragen.

1. Verbieten. Wir legen das Zerrspielzeug direkt vor die Pfoten und sagen deutlich „Nein“. Am Anfang lassen wir die Hand über dem Spielzeug, um es schnell wegnehmen zu können, falls der Hund es trotz der Ansage greifen möchte. Hält er es anfangs kurz aus, wird die Situation aufgelöst: „Und hol's dir!“ Und er wird gleich durch ein lustiges Zerrspiel für seine Selbstdisziplin belohnt!

2. Entfernen. Langsam können wir die Hand immer weiter wegnehmen, später können wir sogar stehenbleiben, während er das Spielzeug nicht nehmen darf.

3. Erlauben. Sobald er das „Nein“ sicher akzeptiert, wird das Spiel aufregender: Wir entfernen uns immer weiter, gehen sogar aus dem Blickfeld um die Ecke, kommen zurück – dann darf sich der Hund das Spieli zur Belohnung holen („Hol's dir!“) und wird ausgelassen durchs Haus oder kreuz und quer durch den Garten gejagt!

4. Verzögertes Holen („Findefuchs“, Seite 91): Kann der Hund schon gut sitzen bleiben, können wir im Wald ein Objekt am Wegesrand verstecken oder werfen, während der Hund warten muss. Jetzt darf er es nicht sofort holen, sondern soll erst zu uns kommen und kurz warten, bis wir ihn schließlich fröhlich freigeben: „Und hol's dir!“

DAS FUSS-SPIEL

Jedes zufällige „Fuß“-Laufen wird benannt und belohnt.

SS: 1 – 10
BB: Bewegungs-Synchronisation
KK: Konzentrationsfähigkeit, Ruhe bewahren, Fokussierung, Gelassenheit
Spielziel: Hunde laufen gerne und entspannt an unserer Seite, passen ihr Tempo an und schaffen es, auch in aufregenden Situationen gelassen zu bleiben.

Wenn Hunde an der Leine ziehen, sorgt das für großen Stress – bei uns genauso wie bei ihnen. Denn die ständigen Diskussionen beim Spaziergang sind wahre Beziehungskiller! Deshalb macht es Sinn, viel Zeit und Energie in eine entspannte Leinenführung zu investieren. Mit ein paar Spielideen könnt ihr das Üben an der Leine oder im Freilauf spannender gestalten:

1. Richtiges Verhalten benennen und bestätigen. Sollte euer Hund zufällig neben euch laufen, dann sagt ihr das Signalwort „Heel“ oder „Fuß“ in Kombination mit einem Lobwort, das er kennt. Stoppt plötzlich, haltet die Spannung, gebt ein Leckerchen und dann den Hund frei! Je häufiger ihr das wiederholt – erst im Haus, dann im Garten und schließlich auf der Hunderunde –, desto häufiger wird er fröhlich und gern ein Stück neben euch traben.

2. Immer Auflösen. Auch beim zufälligen Parallellaufen und Benennen gilt: Wenn ihr einmal euer Signalwort „Fuß“ genutzt habt, müsst ihr darauf achten, der spielerischen Übungseinheit ein Ende zu setzen, also den Hund am Schluss bewusst mit eurem Freigabewort freizugeben.

3. Anfang und Ende definieren. Klappt das gut, könnt ihr euren Hund gezielt zu euch rufen, ihn neben euch absetzen und dann mit dem Signalwort eine kurze (!) Strecke Fuß gehen. Nach ein paar Metern setzt ihr ihn wieder ab – lobt mit Leckerchen – und gebt den Hund frei. Die Distanzen, die der kleine Hund neben euch laufen soll, können je nach Alter und Leistungsbereitschaft des Hundes langsam verlängert werden. Wichtig: nach dem Auflösen ein Stück mit dem Hund rennen und sich mit ihm und über ihn freuen.

4. Rennspiel. Läuft der Hund eine gute Strecke sicher an der Leine oder frei neben euch, könnt ihr kleine Überraschungsmomente einbauen. Zum Beispiel, indem ihr das Tempo wechselt, mal trabt, rennt, dann bremst und wieder langsam geht. Am Ende wieder absetzen, loben und fröhlich freigeben!

5. Wendungen einbauen. Wenn ihr nicht immer geradeaus laufen möchtet, könnt ihr auch kleine Wendungen einbauen, bei denen der Hund auf Kniehöhe die Bewegung mitverfolgen soll. Fangt mit einer

Am Ende kurz innehalten und dann wird der Hund freigegeben.

Wendung zu Beginn und am Ende der Strecke an und lockt den Hund mit eurer Hand in die Position neben euch. Dann schnell absetzen, loben, freigeben und freuen!

6. Tempi und Wendungen kombinieren. Jetzt könnt ihr rennen – bremsen – wenden – schleichen – stoppen – wenden – und der Hund macht alles fröhlich mit! Niemals vergessen, das entsprechende Signalwort zu nutzen, damit es super positiv abgespeichert wird.

7. An ablenkungsreichen Orten üben. Wenn der Hund schon lange konzentriert und gelassen neben euch laufen kann, könnt ihr vormittags in die Stadt gehen, bevor die Läden öffnen. Hier ist nicht so viel los und man kann herrlich in der Fußgängerzone üben, ohne zu viele Zuschauer zu haben. Das ist für euch und euren Hund einfacher und sorgt dafür, dass er auch bei immer mehr Umweltreizen gerne an lockerer Leine läuft.

8. Mit Hundekumpels üben. Verabredet euch mit Hundefreunden und übt das entspannte Nebeneinander- oder Umeinandergehen gemeinsam. So ist auch der Kontakt zu fremden Artgenossen keine große Sache mehr. Achtet bei Sichtkontakt mit fremden Hunden auf ausreichend Abstand und darauf, den Hund an der abgewandten Seite zu führen. Bleibt aufrecht im Gang, drosselt nicht euer Tempo, sondern marschiert weiter, den Blick an den Horizont geheftet. Hilfreich in diesen Situationen ist es, wenn der Hund das Signalwort „Weitergehen" kennt (Spiel Seite 90) und lernt, dass es an der Leine in der Stadt keinen Kontakt gibt. Jedes Zögern, jedes Verlangsamen wird er als Unsicherheit interpretieren und darüber nachdenken, selbst tätig zu werden. Ist er sehr abgelenkt, kann eure einladende Hand in Kombination mit seinem Namen und dem Wort „Weitergehen" helfen, den Fokus wieder auf euch zu richten. Ein Hund, der ausreichend Möglichkeiten zum sozialen Austausch mit Artgenossen in seiner Freizeit hat, wird das Aneinandervorbeilaufen schnell als normal abspeichern und kein Problem mehr damit haben.

Slalom um Pylonen erfordert Kessys ganze Aufmerksamkeit.

Sachensucher!

Spielziel: Hunde lernen Dinge suchen, die versteckt wurden. Klammheimlich trainieren wir dabei ihre Nasenleistung, Problemlösefähigkeit, Konzentrationsdauer sowie ihr Erinnerungsvermögen.

Euer Hund kann schon sicher warten, euch beobachten und ihr freut euch auf neue Herausforderungen, die euch zusammenschweißen und den Hund immer klüger werden lassen? Dann könnten Sachensucher-Spiele genau das richtige für euch sein. Denn die meisten Hunde lieben es, Spuren zu lesen, Dinge aufzustöbern oder Schuhe, Socken und Kuscheltiere zu uns zu bringen. Andere Vierbeiner möchten lieber den ganzen Tag den Horizont im Blick behalten und finden diese Spiele meist nicht so toll. Wenn euer Hund zur ersten Gruppe gehört, dann findet ihr in diesem Kapitel viele Ideen, die ihr erst zu Hause, dann im Garten und irgendwann im Wald oder Park spielen könnt.

SACHENSUCHER IM HAUS

SS: 1 – 3
KK: Suchen lernen, Impulskontrolle, Beobachtungsgabe, Konzentrationsdauer, Problemlösung, Hartnäckigkeit, Selbstwirksamkeit
BB: Unterhaltung, Spannung und Spaß
Spielziel: Kompetenzen stärken.

Suchspiele fördern viele Kompetenzen und sind deshalb für Junghunde aber auch für Hunde aus dem Tierschutz eine tolle Idee. Besonders für Kandidaten, die noch unsicher sind und furchtloser werden sollen, hat das Suchen und Finden einen weiteren positiven Nebeneffekt: Durch das Erfolgserlebnis und euer Lob fühlen sich Hunde richtig toll – das macht sie selbstbewusst und stärkt ihre Zuversicht für weitere Abenteuer des Lebens.

1. Spielregeln verstehen. Voraussetzung: Dein Hund kann sitzen und warten. Nun können wir Spielzeuge immer schwieriger im Haus verstecken, die von ihnen gefunden werden müssen. Wir starten weit unter seinem geistigen Niveau und entfernen uns mit dem Spielzeug vom wartenden Hund. Dabei verstecken wir es sehr offensichtlich vor seinen Augen – zum Beispiel unter einem Kissen, aber so, dass die Hälfte des Spielzeugs noch zu sehen ist. Jetzt gehen wir zurück zum Hund, warten kurz (Spannungsaufbau!) und schicken ihn mit „Such!" zum Holen. Danach wird begeistert gespielt, damit das Spiel auch lustig ist. Fazit: Das war zwar sehr einfach, aber unser Hund hat verstanden, dass er etwas suchen soll, was wir vorher versteckt haben.

1

2

3

4

1. Am Anfang wird der Gegenstand super simpel versteckt.
2. Der Hund sieht zu und darf ihn holen.
3. Dann wird es mit jedem Mal schwieriger.
4. Am Ende sucht Molly auch auf höheren Ebenen.

2. Das Niveau steigern. Dieses Mal verstecken wir das Spielzeug fast vollständig unter dem gleichen Kissen, danach in einer Schublade, aus der es gefischt werden muss, und schließlich verschwinden wir aus dem Sichtfeld des Hundes und verstecken es hinter dem Sofa auf dem Boden oder im Bücherregal auf Nasenhöhe. Jedes Mal gehen wir zum Hund zurück, und geben ihn zum Suchen frei. Er lernt zu beobachten, wo wir entlanggegangen sind, und dort, wo er uns nicht sehen konnte, seine Nase einzusetzen.

3. Abitur-Aufgaben. Suchprofis warten vor geschlossenen Zimmertüren, während wir das Spielzeug außerhalb seines Sicht- und Hörfeldes im Zimmer verstecken. Danach muss der Hund auf seine Nase vertrauen oder auf das, was seine Ohren ihm verraten haben. Hartnäckige Kandidaten verbringen irgendwann bis zu zehn Minuten mit hochkonzentrierter Suche, je nachdem, wie schwierig wir das Spielzeug versteckt haben. Eine besondere Herausforderung ist das Verstecken auf einer höheren Ebene, sodass der Hund überlegen muss, wie er dorthin gelangen kann. Dafür ist es wichtig, dass er sehen konnte, wo das Spielzeug abgelegt wurde, und wir im Vorfeld dafür sorgen, dass zum Beispiel ein Stuhl dort steht, damit der Hund darauf springen kann, um das weiter oben im Regal liegende Spielzeug zu erreichen. So viel Klugheit muss natürlich gebührend gefeiert werden.

1

2

1. Auch Hunde an der Schleppleine können Sachen suchen.

2. Zuerst wird das Schwein wieder babyleicht versteckt.

SACHENSUCHER DRAUSSEN

SS: 3 – 10

KK: Belohnungsaufschub, Beobachtungsgabe, Konzentrationsdauer, Problemlösung, Hartnäckigkeit, Selbstwirksamkeit

BB: Trotz Ablenkungsreizen intensives Interesse für das, was wir tun.

Spielziel: Sich unter Ablenkung auf die Suche zu konzentrieren.

Sucht unser schlauer Hund drinnen schon nach versteckten Sachen wie ein Profi, können wir die Ablenkungsreize steigern und das Spiel vor die Haustür verlagern. Wichtig ist, dass wir hier die Außenwelt im Blick behalten: Je mehr Eindrücke auf unseren Hund einprasseln, desto schwerer fällt es besonders jungen, aufgeregten oder unsicheren Hunden, sich lange zu konzentrieren.

1. Im Garten starten. Deshalb am besten nicht zur „Rush Hour“ im Park üben, sondern zu ruhigeren Zeiten in einer einsamen Ecke oder idealerweise zuerst im Garten. Auch hier am Anfang wieder simpel starten und ein leichtes Versteck aussuchen. So lernt der Hund zu „generalisieren“, also das Spiel, dass er drinnen kennengelernt hat, vor die Haustür zu verlagern. Klappt das super, können wir die Versteckschwierigkeit erhöhen, zum Beispiel mal um die Ecke gehen und das Spielzeug so verstecken, dass er die Nase einsetzen muss. Ist der Hund mit Feuereifer dabei, können die Verstecke schwieriger und auch die Ablenkungen aus der Umwelt größer werden!

2. Absicherung. Im Park und Wald bieten sich viel mehr Versteckmöglichkeiten und größere Distanzen als im heimischen Garten oder der Wohnung. Allerdings müssen passionierte Jäger oder Rabauken an Schleppleinen gehalten oder von einer zweiten Person während des Versteckens gesichert werden, damit sie bei Eichhörnchen- oder Artgenossensichtungen nicht stiften gehen. Wichtig: Bittet die Person, den Hund nicht anzufassen oder anzusprechen. Hunde lassen sich sehr leicht ablenken und vergessen dann, was sie eigentlich tun sollten. Besser für die Assistentinnen und Assistenten: stillstehen und den Hund in Ruhe alles angucken lassen.

3. Für Fortgeschrittene Wer sich bereit für Sachensucher-Spiele im Wald und Park fühlt, kann jetzt weiterblättern und viele Inspirationen im Kapitel „Sachensucher im Wald und im Park“ finden (Seite 80)!

1

2

3

1. Dann wird es schwieriger: Nicole versteckt das Schwein in einer Astgabel.

2. Dadurch lernt Jona, ...

3. ... auch weiter oben zu suchen.

WO IST DIE MÜFFEL-SOCKE?

Auch wenn Hunde mit einer Super-Nase geboren werden, können wir sie durch Suchen und Finden noch feiner werden lassen.

SOCKEN-SUCHER

SS: 2
KK: Nasenleistung, Konzentrationsvermögen
BB: Spaß haben, hebt die Stimmung.
Spielziel: Unser Nasentier soll aus einem Berg Socken seine Spielsocke fischen.

1. **Verstecken.** Wir sammeln ein paar frisch gewaschene Socken und legen sie auf den Boden vor den zuvor abgesetzten Hund. Wir zeigen ihm seine Spielsocke und verstecken sie dann vor seinen Augen unter den anderen Exemplaren. Alternativ können wir auch ein Leckerli in die Socke tun, dann brauchen wir nicht darauf zu achten, dass die anderen Socken „neutral" riechen müssen.
2. **Zum Suchen schicken.** Jetzt lösen wir auf und der Hund darf die Socke suchen – meistens schaffen das die Hunde auf Anhieb ganz alleine. Fürs Finden belohnen wir ihn natürlich mit einer wilden Jagd durchs Haus!
3. **Getragene Socke suchen.** Eine kleine Steigerung in der Schwierigkeitsstufe: Der Hund soll nicht die Spielsocke, sondern eine von uns getragene Socke, die wir ihm vorher zeigen und daran riechen lassen, aus dem Berg gewaschener Socken raussuchen.
4. **Generalisieren fördern.** Wir fassen ein Puzzleteil intensiv an, zeigen es dem Hund (und merken uns den Aufdruck!) und verstecken es im Haufen anderer Puzzleteile. Oder wir lassen den Hund einen Tannenzapfen aus einem Haufen anderer Tannenzapfen suchen. Riesig freuen, wenn die Supernase das richtige Teil gefunden hat!

Wenn Hunde beim Sachensucher-Spiel von allein auf die Idee kommen, im Sockenberg nach einem versteckten Spielzeug zu suchen, dann haben sie Gelerntes aus einer Situation auf eine andere übertragen und dort angewendet – sie haben „Generalisieren" gelernt – und das gelingt ihnen dann auch in vielen anderen Alltags- oder Lernsituationen immer besser! So werden sie spielerisch „fit fürs Leben", immer klüger und wir natürlich immer stolzer auf unseren schlauen Hund.

VOKABELN PAUKEN

- **SS:** 10
- **KK:** Viel verstehen
- **BB:** Klug sein fühlt sich gut an.
- **Spielziel:** Der Hund kann verschiedene Spielzeugtypen unterscheiden.

Bei diesem Spiel lernt der Hund, verschiedene Objekte zu unterscheiden und Kategorien zuordnen zu können. In mehreren Studien zum Lernen von Wörtern konnten Forscher herausfinden, dass Hunde neue Wörter besonders gut lernen, wenn sie zuvor mit den entsprechenden Objekten gespielt hatten. Da die meisten Hunde Spielzeuge der Kategorien Frisbee, Ball und Zerrseil haben, waren einige besonders talentierte Hunde am Ende sogar in der Lage, auch unbekannte Spielzeuge den Kategorien richtig zuzuordnen, wenn man sie zum Beispiel darum bat, aus einem anderen Raum das „Frisbee" zu holen.

1

2

3

4

Gut gemacht! Jetzt wird mit dem Lieblingsspielzeug gespielt.

1. Kessy wartet auf das Wort, das sie zum richtigen Spielzeug führt.

2. Zielstrebig läuft sie zu ihrem „Affen“ ...

3. ... schnappt ihn sich und ...

4. ... bringt ihn zu Jessica zurück.

Border Collie-Hündin Chaser konnte über 1000 Objekte unterscheiden.

1. Wörter etablieren. Immer, wenn ihr mit eurem Hund mit einem Spielzeug spielt, wiederholt ihr dabei den Namen des Spielzeugs. Zum Beispiel jagt ihr den Hund durch den Garten, während er mit der Socke abhaut oder zerrt mit ihm ein Zerrspiel. Dabei wiederholt ihr: „Gibst du mir die Socke! Oh wie böse, her mit der Socke!“ Das Wörtchen „Socke“ verknüpft er dadurch mit dem Objekt. So geht ihr mit allen Spielzeugen vor, mit denen ihr spielt.

2. Genau zuhören. Nach mehreren Wochen, in denen ihr die Objekte immer ganz bewusst betitelt habt, kann der Hund anfangen zu unterscheiden. Ihr startet mit zwei Objekten: Legt zum Beispiel die Socke neben einen Ball ein ganzes Stück auseinander und fordert den Hund auf, die Socke zu holen. Immer, wenn der Hund das richtige Objekt gebracht hat, wird damit albern gespielt. Kommt er mit dem falschen Objekt, wird es mit der Aussage „Schade“ zurück gebracht. Auf diese Weise lernt er, genau hinzuhören und die zwei Objektnamen voneinander zu unterscheiden.

3. Objekte dazunehmen. Wenn das schon sicher klappt, können weitere Objekte dazugelegt werden. So erweitert sich der Wortschatz eures Hundes nach und nach. Und wenn man Adjektive dazunimmt („blaue Frisbee“), können besonders talentierte Hunde sogar Objekte innerhalb einer Kategorie unterscheiden lernen.

Wichtig: Hunde sind sehr unterschiedlich sprachbegabt. Es gibt Exemplare, die lernen schnell neue Wörter, andere scheitern schon daran, zwei Objekte zu differenzieren. Bevor Frust aufkommt, wechselt lieber zu Spielen, die eurem Hund leichter fallen und mehr Spaß machen. Knox zum Beispiel ist nie über die Unterscheidung von Ball und Dummy hinausgekommen.

Ballspiele

Manche Hundemenschen denken immer noch, dass Ballwerfen ein lustiges Spiel ist. Immerhin gibt es auf dem Markt ein beeindruckendes Angebot an Ballwurfmaschinen, die sie dazu befähigen, Bälle immer weiter, höher und schneller für ihre Hunde zu werfen!

Die Gefahr der ganzen Rennerei und Fangerei: Die gesamte Existenzfreude des Hundes reduziert sich schnell nur noch auf das kleine, runde Ding, der Mensch wird für den Hund zur „Ballwurfmaschine" reduziert.

Ballspiele können Beutefangverhalten fördern.

SANFTER ENTZUG FÜR JUNKIES

Doch was können wir tun, wenn unser Hund schon ein „Junkie" ist? Tatsächlich: **nie wieder werfen!** Doch Junkies finden oft nichts anderes mehr im Hundeleben interessant. Ohne Ballwurf werden sie depressiv oder frustriert – auch nicht schön. Deshalb bekommt ihr in diesem Kapitel einen Therapieplan für Ballspiele, die dem Hund einen „sanften Entzug" ermöglichen. Dabei lautet das Ziel, ungenutzte Teile des Hundegehirns zu reaktivieren und unseren Hund für echte Spiele und tolle Herausforderungen zu begeistern. Diese „guten" Spielideen setzen nicht nur viel nettere Glücks- und Wohlfühlbotenstoffe wie Endorphine und Oxytocin in die Blutbahn frei, sondern wir werden als Person wieder interessanter als der Ball in unserer Hand. Unsere Mission in diesem Kapitel lautet also, dem Ball ein neues Image zu verpassen und ihn langsam durch bessere Spielzeuge und -ideen zu ersetzen.

Monotones Ballspielen macht süchtig.

SUCHTPOTENZIAL

Bälle haben ein hohes Suchtpotenzial. Das hat zwei Gründe. Erstens: Sie springen, hopsen oder fliegen – also „fliehen“ und bedienen dadurch die Freude am Beutefangen, die in den meisten Hunden schlummert. Zweitens: Viele Menschen haben wenige Ideen und reduzieren die Freizeitbeschäftigung für ihren Hund auf dieses „Spiel“. Sie glauben, mit dem Werfen des Balles ihre Hunde glücklich zu machen. Tatsächlich kommt es bei monotonen Bewegungsabläufen wie dem Hetzen und Fangen der „Ball-Beute“ zum Ausstoß des Botenstoffes Dopamin. Das ist der gleiche Botenstoff, der Menschen bei Glücksspielen unter anderem einen „Kick“ versetzt, sich also sehr gut anfühlt, wenn er in größeren Mengen durch die Blutbahn kreist. Wie bei jeder Droge braucht man aber immer mehr davon, um den „Kick“ zu fühlen – und möchte irgendwann nur noch in die Spielhalle oder im Park nur noch Bälle geworfen bekommen. Diese Hunde interessieren sich immer weniger für die soziale Interaktion, ignorieren Artgenossen oder sind genervt von ihnen, sie gucken nur noch auf den Ball in unserer Hand. Wer den Ball wirft, wird irgendwann egal – Hauptsache, er fliegt! So kommt es zu den eigentlich gar nicht so lustigen Reels in sozialen Medien, in denen Hunde Bronzestatuen im Park ihren Ball oder Stock vor die kalten Füße werfen. Diese Hunde sind traurige „Ball-Junkies“, nur noch auf der Suche nach dem nächsten Dopamin-Kick. Auch in Zerrspielen steckt übrigens Suchtpotenzial, wenn nur monoton gezerrt wird. Deshalb niemals gleich, sondern immer abwechslungsreich, überraschend und kreativ spielen!

FANGEN ÜBEN

Katara muss sich auf die Flugbahn konzentrieren, um den Ball zu erwischen.

- **SS:** 1
- **KK:** Impulskontrolle, Beobachtung, Selbsteinschätzung
- **BB:** Bildung befeuert Bindung.
- **Spielziel:** Den Hund aus dem festgefahrenen Bewegungs- und Erwartungsmuster befreien.

Ein erster Schritt weg vom Junkietum: **nie wieder werfen, um das alte Suchtsystem nicht mehr zu bedienen.** Stattdessen soll der Hund hier die Flugbahn des Balls einschätzen lernen, ihn fangen und wieder abgeben. Ohne zu rennen, alles im Stand! „Ball-Junkies", die bislang keine anderen Spielideen kennengelernt haben, können durch diesen ersten Schritt auf andere Spielideen abseits von Hetzen, Fangen, Bringen vorbereitet werden.

1. Sitzen bleiben. Unser Hund soll an Ort und Stelle sitzen oder stehen, wir sagen deutlich „Bleib" und entfernen uns je nach Trainingsstand unterschiedlich weit weg. Fällt dem Hund das Warten bis zum Auflösewort schwer, dann lies dir die Tipps im Kapitel „Sitz-und-Bleib-Spiel" durch (Seite 42).

2. Fangen lernen. Wir stellen uns vor den Hund, werfen den Ball im Bogen auf ihn zu oder lassen ihn einmal (später mehrmals) auf den Boden aufschlagen und rufen in dem Moment: „Hol's dir!" Der Hund muss auf das Auflösewort warten, die Flug- oder Springbahn des Balles richtig einschätzen und entsprechend fangen.

1

2

3

WO GING DER BALL VERLOREN?

1. Knox konzentriert sich und behält den Ball …
2. … die ganze Zeit im Blick.
3. Er weiß genau, an welcher Stelle dieser verschwunden ist.

SS: 8

KK: Beobachtungsgabe, Konzentrationsdauer

BB: Wir sind viel spannender als der Rest der Welt.

Spielziel: Der Hund lernt, uns ganz genau zu beobachten und auf Details zu achten.

Hunde verfügen, wie Kleinkinder auch, über die Fähigkeit zur „Objektpermanenz". Sie wissen, dass Dinge, die aus ihrem Blickfeld verschwinden, trotzdem noch existieren. Bei diesem Spiel wird das genaue Beobachten geschult. Der Hund soll bemerken, ab wann wir keinen Ball mehr in der Hand haben, und daraus schließen, wo dieser verloren gegangen sein könnte.

1. Zu Hause starten. Dieses Spiel sollten wir zu Hause beginnen, da dort weniger Reize auf den Hund einprasseln und er sich besser konzentrieren kann. Hat er die Spielregeln verstanden, verlagern wir das Spiel erst in den Garten, dann in den Park und steigern so langsam die Ablenkungsreize.

2. Blauer oder weißer Ball. Hunde können blau und weiß gut sehen, deshalb sollte der Ball eine dieser Farben haben, um ihm das Fokussieren auf den Ball zu erleichtern.

3. Verlieren registrieren. Wir setzen den Hund ab und zeigen ihm den Ball. Jetzt entfernen wir uns und gehen hinters Sofa oder außerhalb der Wohnung hinter den ersten Baum im Wald und kommen ohne Ball zurück.

1

2

4. Zum Suchen schicken. Danach gehen wir zurück zum wartenden Hund, halten kurz die Spannung – und schicken ihn dann zum Suchen. Zielstrebig läuft er zum Sofa/zum Baum, hinter dem wir verschwunden sind, und kommt stolz wie Oskar mit dem Ball im Maul zurück. Zur Belohnung freuen wir uns und spielen (den Ball auf den Boden oder in die Luft werfen und anschließend den Hund jagen).

5. Noch besser beobachten. Jetzt können wir den Schwierigkeitsgrad erhöhen: Wir suchen mehrere potenzielle Verstecke auf, die der Hund anschließend absuchen muss. So können wir im Haus zum Sofa gehen, hinter den Kamin gucken und einmal um den Esstisch laufen. Draußen verschwinden wir hinter einem Busch und einem weiteren Baum und lassen irgendwo unauffällig den Ball liegen. Achtung: Zwischendurch muss der Hund immer gut sehen können, ob der Ball noch in unserer Hand ist oder nicht. Nur so kann er verstehen lernen, wo das Spielzeug verloren ging. Wie immer: Zum Schluss zum Hund zurückgehen, kurz warten, das Bleiben fröhlich auflösen und ihn zum Suchen schicken!

6. Täuschungsmanöver. In einer Allee kann man eine weitere Schwierigkeitsstufe einbauen: Wir verschwinden nacheinander hinter den aufgereihten Bäumen – auch nachdem wir den Ball bereits hinter einem Stamm versteckt haben. Dann erst gehen wir zum wartenden Hund zurück und gucken nach dem Auflösen, ob unser kluger Kerl genau aufgepasst hat, hinter welchem Baum der Ball verloren ging.

1. Knox wartet gespannt, bis er zum Suchen aufgefordert wird.

2. Der Ball ist blitzschnell gefunden und wird stolz gebracht.

UM DIE ECKE GEDACHT

SS: 8
KK: Nachdenken können (Problemlösefähigkeit, Frustrationstoleranz, Impulskontrolle)
BB: Wir sind die Quelle spannender Herausforderungen.
Spielziel: Hunde lernen einen Umweg einzuplanen, um zum Spielzeug zu kommen.

Bei diesem Spiel wird der Ball hinter einen Zaun gelegt, der an einer etwas entfernten Stelle ein Schlupfloch hat. Der Hund muss lernen, einen Umweg zu laufen, um zum Ziel zu kommen. Das fällt Hunden nicht leicht, denn als Beutegreifer versuchen sie immer, auf direktem Weg zur „Beute" zu gelangen. Dieses Verhalten ist ein Relikt aus Wolfszeiten, denn wenn man Rehe oder Hasen aus den Augen lässt, sind sie meistens schnell weg. Aber die Fähigkeit zum Nachdenken und Impulse zu kontrollieren lässt sich trainieren, und genau das praktizieren wir hier klammheimlich:

1. Schlupfloch zeigen. Wir gehen zum Loch im Zaun und zeigen es dem Hund.
2. Ball unerreichbar machen. Beim ersten Durchgang gehen wir nur ein kurzes Stück vom Loch weg und setzen den Hund ab. Dabei kann er gut zugucken, wie wir den Ball hinter den Zaun legen. Jetzt lösen wir auf und schicken ihn zum Holen.
3. Lösung selbst finden lassen. Auch wenn das jetzt sehr schwer fällt: bitte gebt keine Hilfestellung! Der Hund soll selbstständig auf die Lösung kommen. Wenn er es nicht schafft, setzt ihn erneut ab und legt den Ball noch näher an die Zaunlücke. Hunde sind wie wir Menschen unterschiedlich gut darin, neue Aufgaben sofort auf eigene Faust zu lösen – je nachdem, was bislang im Leben an selbstständigem Denken von ihnen gefordert wurde.
Wenn Hunde hier alleine zum Erfolg kommen, wird ihre „Selbstwirksamkeit" gestärkt, das heißt, sie fühlen sich

1. Ich zeige Knox ein Loch im Zaun, durch das er gut hindurch passt.

2. Ein Stück entfernt lege ich den Ball auf die andere Seite des Zauns.

1

2

1. Knox erinnert sich an das Schlupfloch und holt den Ball.

2. „Toll gemacht, kleiner Hund!" Er ist sichtlich stolz, dass er die Aufgabe lösen konnte.

befähigt, Probleme lösen zu können. Unsere große Freude bestärkt unseren klugen Hund natürlich im Erlebnis, ein toller, schlauer, großartiger Hund zu sein, und er wird immer schneller verstehen, was er machen soll.

4. Distanz vergrößern. Die Distanz zwischen dem Loch und dem abgelegten Ball hinterm Zaun kann jetzt langsam vergrößert werden.

5. Das Schlupfloch erinnern. Irgendwann können wir den Ball schon auf dem Hinweg an einer Stelle weit weg vom Durchschlupf hinter die Absperrung fallen lassen und unseren klugen Hund erst auf dem Rückweg den Ball zeigen und zum Holen schicken!

6. Neue Orte wählen. Jetzt kann der Hund „generalisieren lernen": Wir verlagern das Spiel an andere Plätze, an denen eine ähnliche Problemlösung gefragt ist: Der Ball wird zum Beispiel hinter eine Mauer geworfen und der Hund muss den Weg zum Ball finden.

7. Ball ersetzen. Für Balljunkies kann je nach Motivationslage des Hundes am Anfang oder mit der Zeit der Ball durch andere Spielzeuge oder einen ungefährlichen Stock, den wir vorher intensiv angefasst haben, damit er nach uns riecht, ersetzt werden. Das Belohnungsspiel ist dann kein Springen und Fangen mehr, sondern ein albernes Jagd- und Zerrspiel.

1

2

1

2

HÜTCHENSPIEL

1. Kessy darf genau zuschauen, wie der Ball versteckt wird.

2. Und wählt zielsicher den richtigen Pylon aus.

SS: 3
KK: Manipulation von Objekten, Konzentrationsvermögen, Beobachtungsgabe, Impulskontrolle
BB: Mein Mensch macht spannende Sachen mit mir!
Spielziel: Der Hund lernt genau zu beobachten.

Der Ball wird unter einem von zwei gleich großen, gleich farbigen und undurchsichtigen Pylonen versteckt. Diese werden einmal umeinander herum geschoben, während der Hund sich konzentrieren und beobachten muss, unter welchem Pylon der Ball ist.

1. Beobachten lernen. Der Hund lernt, dass der Ball unter einem der beiden Hütchen ist und dort gefunden werden kann, indem er mit der Pfote dagegen stößt. Dazu lassen wir ihn absitzen und setzen uns gegenüber. Dann soll er aufmerksam zugucken, wie wir den Ball verstecken und die Hütchen verschieben. Wichtig: Schiebt beide Hütchen gleichzeitig und **nicht** nacheinander! Denn Hunde interessieren sich am stärksten für das Objekt, das wir zuletzt berührt haben. Forscher nennen dieses Phänomen den „Markereffekt". Deshalb kann das abwechselnde Schieben die richtige Lösung der Aufgabe erschweren. Nach dem Schieben erteilt ihr euer Freigabewort und euer Hund darf den Ball suchen!

2. Anforderung erhöhen. Nach mehreren Durchgängen lernt der Hund, sich immer besser auf das Verstecken und Schieben des richtigen Hütchens zu konzentrieren und schafft bald einen 180-Grad-Positionswechsel der Hütchen. Viel mehr können wir von Hunden nicht erwarten: Noch mehr Hütchen oder stärkere Positionswechsel würden sogar fast alle hochbegabten Hunde überfordern.

1

2

3

4

1. Zuerst soll sich der Hund in die Seitenlage legen.

2. Klappt das gut, dreht er sich von hier aus …

3. … über den Rücken auf die andere Seite. Übt beide Richtungen.

4. Nach vielen Wiederholungen dreht sich der Hund auch auf Distanz.

ROLLE RUNDHERUM

SS: 3 – 5
KK: Viel verstehen!
BB: Zusammen lernen verbindet.
Spielziel: Der Hund kann den Trick „Rolle" – auch auf Distanz.

1. An die Seite. Wir legen den Hund ab („Platz"/„Down") und halten ihm den Ball vor die Nase. Langsam führen wir den Ball über den Kopf und bringen den Hund dadurch dazu, sich auf die Seite zu legen. Wer ein vertrauensvolles Verhältnis zu seinem Hund hat, kann die Seitwärtsbewegung mit den Händen unterstützen. Im gleichen Moment sagen wir „an die Seite".
2. Rundherum. Jetzt drehen wir weiter, bis der Hund sich einmal umgedreht hat, und sagen in dem Moment „Rolle!" oder „Rundherum". Sobald die Drehung vollbracht ist, freuen wir uns riesig und werfen den Ball zum Fangen als Belohnung.
3. Handzeichen etablieren. Mit der Zeit wird der Hund die Rolle auf Ansage immer schneller vorführen und wir brauchen den Ball nicht mehr direkt vor die Nase zu halten, sondern können vor ihm hocken oder sogar stehen. Wir untermalen die Ansage „Rolle" mit Handzeichen, indem wir die Hände umeinander kreisen lassen.
4. Richtungswechsel. Lasst den Hund abwechselnd mal nach rechts und mal nach links rollen, damit er sich nicht auf eine Richtung einschießt und genau auf unser Handzeichen achtet.
5. Mehrere Rollen. Hat der Hund die Rolle verinnerlicht, kann die Belohnung hinausgezögert werden, und der Hund muss sich mehrfach drehen, bis wir auflösen und fröhlich mit ihm spielen.
6. Auf Distanz. Tosender Applaus auf Partys oder an Filmsets ist euch sicher, wenn der Hund auch aus der Entfernung die Rolle mehrfach hintereinander und in unterschiedliche Richtungen ausführen kann. Stellt euch langsam auf und entfernt euch beim Üben nach und nach vom Hund, sodass er diesen Trick auch ausführen kann, wenn ihr ohne Ball seid und nicht direkt bei ihm hockt.

Zur Belohnung darf der Ball gefangen werden.

AUFRÄUMEN!

- **SS:** 5 – 10
- **KK:** Selbstwirksamkeit, viel verstehen, Ausdauer
- **BB:** Vielseitigkeit im Alltag erleben.
- **Spielziel:** Der Hund kann Gegenstände in Kisten werfen oder im Park beim Müllsammeln helfen.

Wenn Hunde apportieren können (siehe „Dummys, fertig, los!“, Seite 110), eröffnen sich uns ganz neue Spielhorizonte. So wird selbst Aufräumen zum beliebten Hundespiel.
1. Mit einem Ball starten. Bälle sind bei Hunden sehr beliebt, außerdem mit dem Maul gut greifbar und sie machen ein deutliches Geräusch, wenn man sie in eine Kiste fallen lässt. Deshalb sind sie die ideale Wahl, um in dieses Spiel zu starten.
2. Greifen und Bringen. Zuerst soll der Hund auf ein Signalwort („Pick up“) den Ball nehmen und uns bringen. Dafür wird er natürlich mit Fangen des hopsenden Balles belohnt. Perfekt wäre es, wenn wir von Anfang an darauf achten, dass er das Spielzeug in unsere Hand fallen lässt, denn dann haben wir es beim nächsten Schritt leichter:
3. Ball in die Box. Hat der Hund das neue Signalwort verstanden, nehmen wir eine Plastikkiste dazu. Wir schicken, lassen uns den Ball bringen und ziehen in dem Moment die Hand weg, in dem der Hund den Ball fallen lässt. Der Ball fällt in die Kiste. Vielleicht wird sich der Hund beim ersten Mal durch das Fallgeräusch erschrecken. Deshalb lobt

1. Kann der Hund den Ball in die Kiste bringen, …

2. … erweitern wir die Übung auf anderes Spielzeug.

3. Auch Gegenstände wie Plastikflaschen können aufgeräumt werden.

1

2

3

4

5

6

ihr sofort mit fröhlicher Stimme und Futter, damit er lernt, dass dieses Geräusch richtig und toll ist und der Ball in die Kiste gehört.

4. Hand ausschleichen. Ab jetzt verschwindet unsere Hand nach und nach aus der Situation: Wenn der Hund den Ball gegriffen und gebracht hat, halten wir die Hand nur noch über die Kiste, irgendwann zeigen wir mit dem Zeigefinger in die Kiste und sagen: „Lass fallen“ oder „Drop it“. So lernt der Hund seine Handlung mit einem neuen Signalwort zu verknüpfen. Wenn der Ball neben der Kiste landet, einfach erneut darauf zeigen und auffordern, ihn in die Box zu werfen. Erst wenn der Ball versenkt wurde, gibt es unter großer Freude eine Belohnung. Hier macht tatsächlich ein Leckerchen Sinn, denn so lernt der Hund, sich zu konzentrieren und sauber zu arbeiten.

5. Mehrere Bälle. Wenn das schon gut klappt, kann der Hund abgesetzt werden und wir werfen zwei, irgendwann drei oder vier Bälle in den Raum. Der Hund soll immer den Ball holen, auf den wir zeigen und ihn in die Kiste werfen. Am Anfang belohnen wir noch jedes Holen – irgendwann erst, wenn „alles aufgeräumt ist“.

6. Verschiedene Materialien vorstellen. Sitzt das Ballbringen sicher, können wir unseren Hund an verschiedene Materialen gewöhnen. Geeignet sind zum Beispiel Bauklötze, Duplo-Steine oder feste Papierknäuel. Diese werden im Raum verteilt (am Anfang nur wenige, später immer mehr) und müssen zurück in die Box geräumt werden. Damit ist übrigens die beste Grundlage geschaffen, um unseren Hund zum „Waste Watch Dog“ auszubilden und mit ihm im Park Müll sammeln zu gehen (siehe Seite 102)!

4. Später verteilen wir alles im Haus oder Garten …

5. … und schicken den Hund gezielt zum Holen.

6. Unsere Freude über den kleinen Helfer ist die schönste Belohnung.

Stop-and-Go!-Spiele

Hunde lieben den Wechsel aus Rennen und Innehalten beim Spielen. Genau das machen wir hier – und üben dabei klammheimlich das zuverlässige, schnelle Stoppen aus dem Sprint!

JOJO-RUN

SS: 5 – 10
KK: Impulskontrolle, Zuverlässigkeit
BB: Der Hund erlebt viel Freiheit durch Zuverlässigkeit und einen harmonischen Alltag.
Spielziel: Der Hund stoppt zuverlässig, sogar im Galopp.

001
In diesem Film wird erklärt, wie man das Absetzen aus der Bewegung trainiert.

Der Hund rennt neben uns her und wird plötzlich und aus dem Lauf gestoppt – und dann wieder zur Aufholjagd gerufen, nachdem wir weitergerannt sind. Der Kick und die Belohnung für ihn ist das Aufholen und uns überholen, während wir sein Lieblingsspielzeug werfen, wenn er hinterhergerannt kommt. So macht das Innehalten und Sprinten im Wechsel noch mehr Spaß! Das Spielzeug kann übrigens irgendwann ausgeschlichen werden, der Spaß an der Aufholjagd bleibt.

1. Schritttempo. Setzt den Hund ab oder stoppt ihn aus dem Fußlaufen mit eurem Signalwort und geht dabei auf der Stelle weiter, auch wenn das komisch aussieht. So gewöhnt sich der Hund daran, dass ihr euch bewegt, auch wenn er innehalten, stillstehen oder sitzen soll.
2. Weitergehen. Lauft rückwärts weiter, ruft ihn nach kurzem Innehalten ab und werft das Spielzeug, jagt ihn, freut euch riesig, damit er großen Spaß am neuen Spiel hat. Dann noch zwei, drei Mal wiederholen und mit einem Erfolgserlebnis beenden, zum Beispiel, indem er gewinnt und das Spielzeug behalten darf.
3. In Bewegung bleiben. Reagiert der Hund nach ein paar Tagen schnell auf das Hinsetzen/Stoppen aus dem Gehen, könnt ihr das „Auf-der-Stelle-Gehen" weglassen und weitergehen, nachdem ihr euer Signalwort gesagt

1

2

3

1. Olga lernt, sich aus der Bewegung zu setzen, …

2. … indem Astrid langsam auf der Stelle geht, . .

3. … bis Olga sitzt und sie weitergehen kann.

habt. Geht weiterhin am besten rückwärts und nehmt das Handzeichen für „Bleib" dazu (siehe Seite 43). Steht der Hund auf, geht ihr sofort zurück und setzt ihn konsequent ab. Anschließend geht ihr wieder rückwärts und löst auf, sobald er es kurz ausgehalten hat. Spielzeug werfen oder zergeln nicht vergessen.

4. Traben. Setzt sich der Hund aus dem Schritttempo sicher ab, können wir im Trab üben. Bleibt in Bewegung, also trabt auch zurück und auf der Stelle vor dem Hund, bis er sich gesetzt hat und dann wieder rückwärts von ihm weg. Kurz stillstehen, Spannung halten – und dann fröhlich abrufen und Lieblingsspielzeug werfen.

5. Rennen. Jetzt können wir den Hund aus immer größerer Geschwindigkeit stoppen, absetzen oder sogar ablegen und ihn dann für die Spielzeugjagd aufholen lassen.

1

2

3

4

6. Radfahren. Eine weitere Herausforderung: Das Ganze beim Radfahren spielen! Hier kann man noch viel höhere Geschwindigkeiten und Entfernungen für die Aufholjagd erreichen! Damit wir dann nicht brüllen müssen, am besten mit der Pfeife rufen und stoppen (siehe Spiel Seite 94).

6.1. Schieben. Am Anfang starten wir mit einer geringen Erwartungshaltung, indem wir das Rad auf einer langen graden Strecke sehr langsam fahren oder schieben. So ermöglichen wir dem Hund, das gelernte Spiel auf die neue Situation besser übertragen zu können.

6.2. Radrennen. Dann erhöhen wir langsam die Geschwindigkeit und lassen den Hund später sogar aus dem gestreckten Galopp stoppen und wieder aufholen – ein tolles Gefühl für Hund und Mensch.

1. Fibi rennt im gestreckten Galopp.

2. Auf Nancys Sitz-Pfiff sitzt sie …

3. … und wartet, bis der Komm-Pfiff ertönt.

4. Zusammen Gas zu geben, ist der absolute Belohnungs-Kick".

Spielregeln für Rennspiele

Beim Rennen vergessen manche Hunde ihr gutes Benehmen, springen an uns hoch oder beißen in flatternde Hosenbeine. Unter vertrauten Hunden ist das spielerische Anrempeln normal, mit uns geht das leider nicht. Zuerst muss ein Hund also lernen, fröhlich, aber kontaktlos neben uns herzulaufen. Sollte der Hund distanzlos werden, dann fordert euren eigenen Raum deutlich ein: Man kann ihn beherzt beim Rennen mit einem Ausfallschritt zur Seite schubsen in Kombination mit eurem Abbruchwort („Lass das!"). Wichtig: Nicht stehen bleiben und drohfixieren, das finden Hunde komisch. Besser: Einfach etwas ruhiger weiterrennen und dem Rabauken die Chance geben, es jetzt besser zu machen.
Die meisten Hunde fragen noch einmal ein bisschen vorsichtig nach, ob wir uns mit der Regel „Nicht anspringen beim Rennen" wirklich sicher sind. Wenn wir wieder genauso reagieren, ist das Problem oft schon gelöst, vor allem, wenn ab jetzt alle in der Familie verlässlich so reagieren. Dann steht Joggen und Rennspielen nichts mehr im Weg!

WETTRENNEN UND STOPPEN MIT BEUTE

- **SS:** 8 – 10
- **KK:** Impulskontrolle, Zuverlässigkeit
- **BB:** Aufmerksamkeit aus der Bewegung und auf Distanz
- **Spielziel:** Schnell reagieren, auch im Alltag.

Kann euer Hund sich schon auf Distanz hinsetzen (Seite 45) und aus der Bewegung stoppen (Seite 74)? Das ist toll, denn ausgestattet mit diesen Fähigkeiten eröffnen sich neue Spielmöglichkeiten für euch!

1. Wettrennen. Wir werfen das Spielzeug und laufen dann los, um es uns zu holen. Der Hund soll noch kurz sitzen bleiben – und darf dann auf Zuruf die Aufholjagd starten. Natürlich wird er meistens der Erste am Spielzeug sein, aber das macht ja nichts, denn hier steht der Spaß im Vordergrund. Ausgelassen spielen nicht vergessen.

2. Stoppen auf dem Weg zu uns. Wir rennen vor, drehen uns um und rufen den Hund. Auf dem Weg zu uns wird er gestoppt (Stop and Go, Seite 72). Rennt er weiter, wiederholen wir das Wortsignal und Handzeichen, bis er sitzt/stoppt. In dem Moment bleiben wir sofort stehen, gehen rückwärts zurück zum Ausgangspunkt, halten kurz inne und rufen ihn dann fröhlich zu uns. Bei uns angekommen fliegt das Spielzeug und wir spielen ein Jagd-/Zerrspiel.

3. Stoppen mit Beute. Wir werfen ein Spielzeug und geben den Hund zum Holen frei. Mitten im schönsten Galopp auf dem Hin- oder Rückweg soll der Hund stoppen (Pfeifen, Handzeichen oder Wort). Achtung: Das erste Mal wird er vermutlich verwirrt reagieren und auf dem Rückweg zu uns vielleicht das Spielzeug fallen lassen oder auf dem Hinweg zum Spielzeug nicht sofort reagieren. Auf dem Hinweg kann eine Schleppleine sehr motivierten Hunden helfen, sich daran zu erinnern, was der Stopppfiff/das Wortsignal bedeuten. Aber je „normaler" dieser neue Spielteil für ihn ist, desto häufiger wird er schnell richtig und mit Elan reagieren. Sobald er sitzt/stehen geblieben ist, rückwärts zum Ausgangspunkt laufen und final zu uns rufen. Danach ausgelassen mit dem Spielzeug spielen! Wichtig: Diese Spielvariante nur hin und wieder und nicht zu oft hintereinander spielen, sonst verliert der Hund schnell die Freude am Mitmachen.

2

1

3

4

1. Die Spannung steigt: Kurzes Innehalten vor dem Wettrennen.

2. Der Startschuss fällt, Alma und Nadja geben Gas.

3. And the winner is ... Alma!!!! Wer hätte das gedacht?

4. Ausgelassen miteinander spielen ist das schönste Ende.

PARK-, WALD- UND WASSER-SPIELE

Sachensucher im Wald und im Park

Euer Hund ist schon ein passionierter „Sachensucher“ (Seite 52) und sucht ausdauernd in Haus und Garten nach Spielzeugen, die ihr versteckt habt? Dann wird es jetzt höchste Zeit für ihn, höhere Sphären zu erreichen!

Toller Nebeneffekt: Der Hund konzentriert sich bei diesen Spielen nicht auf die Gerüche von Hase und Reh, sondern zunehmend hartnäckiger auf eure Duftspur, die ihr beim Verstecken hinterlassen habt, und auf die Lösung immer schwierigerer Suchherausforderungen, die ihr euch für ihn ausgedacht habt! Am Ende wird natürlich immer gespielt.

SPURENSUCHE

- **SS:** 3 – 10
- **KK:** Konzentrationsdauer, Erinnerungsvermögen, Hartnäckigkeit, Beobachtungsgabe, Riechleistung, kreative Problemlösung
- **BB:** Wir sind verlockender als Rehe jagen oder pöbeln.
- **Spielziel:** Konzentration auf uns, auch in einer ablenkungsstarken Umgebung.

1. Start it simple. Am Anfang starten wir wieder weit unter dem geistigen Niveau unseres Hundes, um garantiert ein Erfolgserlebnis zu erzielen. Deshalb setzen wir ihn so ab, dass er uns gut beobachten kann und gehen nur bis zum nächsten Baum. Dort legen wir das Zerrseil deutlich sichtbar für ihn am Stamm ab und gehen langsam zum wartenden Hund zurück.

Sollte der Hund unruhig werden, dann schnell die Erwartungen zurückschrauben und mit einer sehr simplen Suche das Spiel beenden, damit es nicht in Stress und Diskussionen ausartet und ihr trotzdem zusammen ein kleines Erfolgserlebnis feiern könnt.

1

2

3

4

2. Erfolgserlebnis feiern. Er hat das Spielzeug „gefunden"? Dann riesig freuen, als wäre er ein kleiner Einstein und die Herausforderung im zweiten (und letzten) Durchgang erhöhen! Wetten, dass ihr in den nächsten Tagen immer länger aus dem Sichtfeld verschwinden und den Schwierigkeitsgrad weiter erhöhen könnt?

3. Herausforderungen erhöhen. Jetzt können wir länger aus dem Sichtfeld des Hundes verschwinden, eine Runde um den Hund laufen und dabei irgendwo heimlich das Spielzeug fallen lassen oder es auch auf höheren Ebenen ablegen oder hängen (siehe Seite 55). Anfangs wird es nicht weit über den Kopf des Hundes gehängt, damit er sich an die Ebene beim Suchen gewöhnen kann. Vielleicht kennt er es auch von innen? Nach und nach kann das Spielzeug auf umgestürzte Baumstämme gelegt oder weiter oben in den Baum gehängt werden, sodass der Hund springen oder nachdenken und klettern muss, um an das Spielzeug zu kommen.

1. Feline zeigt Berti, dass er seinen Teddy suchen soll.

2. Berti beobachtet konzentriert, wo Feline entlanggeht.

3. Anschließend wird er zum Suchen geschickt …

4. … und findet seinen Lieblingsteddy sofort wieder.

1

2

3

ERINNERN

- **SS:** 3 – 4
- **KK:** Erinnerungsvermögen, Problemlösung, Selbstwirksamkeit
- **BB:** Tolles gemeinsames Erfolgserlebnis, das verbindet.
- **Spielziel:** Erinnerungsvermögen und Orientierung fördern.

Hunde können sich wie wir Menschen an Situationen und Handlungen über längere Zeiträume gut erinnern, denn sie verfügen über ein „deklaratives Gedächtnis" wie Studien des „Family Dog Projects" unter der Leitung des Kanidenforschers Dr. Ádám Miklósi (Budapest) zeigen konnten. Und natürlich lässt sich dieses Erinnerungsvermögen trainieren – und zwar am besten spielerisch!

1. Erinnern trainieren. Wir setzen unseren Hund ab und legen ein Spielzeug ein bisschen abseits des Weges hinter einen Baum. Danach gehen wir weiter („Weitergehen", Seite 90) ohne dass der Hund das Spielzeug holen darf. Nach ein paar Metern Entfernung halten wir kurz inne, schicken ihn zum Holen und spielen mit ihm!

1. Nicole versteckt das Schwein und geht dann weiter spazieren.

2. Am nächsten Tag schickt sie Jona zum Suchen.

3. Jona erinnert sich und holt ihr Schwein.

2. Gassi gehen. Nach ein paar Wiederholungen verlängern wir die Dauer der Abwesenheit vom Spielzeug: Wir verstecken, verhindern das Holen und gehen dann eine kleine Runde. Auf dem Rückweg schicken wir den Hund an dieser Stelle auf die Suche nach dem Lieblingsspielzeug.

3. Einfallsreichtum entfalten. Jetzt können wir die Verstecke kreativer werden lassen: Wir hängen das Zerrseil in einer Astgabel etwas über dem Boden baumelnd auf oder bedecken es am Boden liegend mit Erde oder Moos. Der Hund darf am Anfang immer zugucken! Danach gehen wir unsere normale Runde und schicken den Hund irgendwann mit einer Verzögerung von bis zu einer Stunde an dieser Stelle zum Suchen.

4. Versteckdauer maximieren. Jetzt verlängern wir den zeitlichen Abstand zwischen Verstecken und Erinnern auf ein paar Stunden, einen halben Tag ... irgendwann schicken wir den Hund erst am nächsten Tag an dieser Stelle zum Suchen. Die Suchprofis können am Anfang der Hunderunde nach dem gestern versteckten Objekt gefragt werden – und führen uns zielgerichtet dort hin. Es ist wirklich beeindruckend zu erleben, wie gut sich das Erinnerungsvermögen unserer Hunde trainieren lässt. Umso schneller übrigens, je mehr Spaß das Ganze bringt. Deshalb, wie immer, ganz wichtig: Eure großartige Freude über den Schlaukopf und ausgelassenes Spielen bitte nie, nie, nie vergessen!

4. Auch beim Verbuddeln darf Jona zugucken ...

5. ... und wird auf dem Rückweg auf die Suche geschickt.

4

5

1

2

3

1. Babs lässt heimlich die Socke fallen …
2. … und fragt nach einigen Metern theatralisch: „Wo ist die Socke?“
3. Cooper gibt Gas und rennt den Weg zurück.
4. Stolz bringt er das Fundstück und erhält seinen Finderlohn.

4

DER VERLORENE HANDSCHUH

SS: 5
KK: Selbstwirksamkeit, viel verstehen
BB: Unser Hund ist unser Held!
Spielziel: Der Hund läuft den Weg zurück, den wir gegangen sind, um verlorene Dinge wiederzufinden.

Einmal hat Knox im Winter einen Handschuh wiedergefunden, den ich tatsächlich verloren hatte, weil wir dieses Spiel so oft gespielt haben. Eine zufällig vorbeilaufende Passantin war zutiefst beeindruckt und ich froh, einen so klugen Hund zu haben.

1. Suchen lernen. Das erste Handschuh-Suchspiel siedeln wir wieder tief unter dem geistigen Niveau unseres Hundes an: Wir „verlieren" je nach Jahreszeit eine Socke oder den Handschuh gut sichtbar mitten auf dem Weg, und rufen schon nach ein paar Schritten theatralisch-verzweifelt: „Oh nein, wo ist mein Handschuh?" Der Hund wird natürlich zunächst nichts verstehen – aber aufgeregt mit uns zum verlorenen Kleidungsstück gehen. Dann tun wir so, als wäre das Wiederfinden einer unserer schönsten Momente im Leben und motivieren den Hund mit einem kleinen Zerrspiel, die Socke zu greifen. Nach einer Spielerei lassen wir ihn „Aus"-Geben und bieten ihm ein Leckerli als Tauschgeschäft an.

2. Verlieren wiederholen. Mit jeder Wiederholung (auf jedem Spaziergang ein bis zwei Mal) versteht der Hund mehr, was er machen soll: Auf unser „Gejammer" reagiert er mit Zurücklaufen, bis er die Socke gefunden hat, und bringt sie uns zurück. Achtet darauf, die Socke heimlich fallen zu lassen, sodass er wirklich nicht weiß, wo das Spielzeug verloren ging. Jetzt können wir langsam den Schwierigkeitsgrad steigern: Die Strecke, die er zurücklaufen und suchen muss, wird nach und nach länger, die Socke auch mal ins hohe Gras direkt neben dem Weg fallen gelassen, sodass er seine Nase einsetzen muss. Das Finden des vermissten Gegenstandes gibt dem Hund am Ende einen Kick, das ihm das schönste Hundelächeln ins Gesicht zaubert.

3. Spur zurückverfolgen. Hat der Hund verstanden, was „Oh nein, wo ist meine Socke!" bedeutet, kann der Anspruch erhöht werden: Wir gehen um eine Wegkurve und schicken ihn zurück zum Suchen, später kann er mehrere Minuten Weg zurückverfolgen, bis er das gute Stück gefunden hat. Der Anblick unseres fröhlichen Hundes, der mit fliegenden Ohren und stolzgeschwellter Brust die Handschuhe bringt, lässt das Herz höher schlagen und ist der schönste Finderlohn!

002
Im Film Sachensucher wird erklärt, wie das Spiel aufgebaut ist, und Knox findet gezielt die verlorene Socke.

Passionierte Ex-Jäger suchen an der Schleppleine nach der Socke.

MUTPROBE

SS: 3

KK: Selbstwirksamkeit, Offenheit und Gelassenheit

BB: Der Hund traut sich und uns mehr zu.

Spielziel: Gruselige Orte positiv besetzen.

Herausforderungen meistern stärkt das Selbstbewusstsein.

Wer sich spielerisch Fähigkeiten erwirbt, fühlt sich nicht nur für den Moment des Erfolges gut, sondern der KANN auch immer mehr. Und „etwas können" macht selbstbewusst! Besonders unsicheren oder jungen Hunden kann deshalb spielerisches Lernen helfen, ihre Ängste zu überwinden und ihr Selbstbewusstsein zu stärken. Darum verlagern wir das Lieblingsspiel jetzt an Orte, die unser Hund vielleicht noch nicht so mag oder die ein bisschen gruselig sein können.

1. Zu Hause mutig sein. Wir starten wieder mit einer kleinen Herausforderung und lassen das Spielzeug vor den Augen des Angsthasen in einer offenen Papiertüte oder einem Karton voll zerknülltem Zeitungspapier verschwinden. Genau dort muss es herausgefischt werden. Das kostet etwas Überwindung, doch die Freude ist umso größer, wenn der Hund es ganz alleine schafft!

2. Im Garten mutig sein. Während der Hund warten soll, verstecken wir sein Lieblingsspielzeug in einer Schubkarre oder unter einem Pylon oder Eimer, der umgeschubst werden muss.

3. In der Stadt mutig sein. ... dann hinter dem „gefährlichen" Müllcontainer, im Hauseingang in einer „unheimlichen" Straße, auf den Sitzplätzen einer Bushaltestelle, unter einer Brücke ...

Ist ja klar: Sobald sich unsere kleine Schissbuxe getraut und das Spielzeug geholt hat, wird zur Belohnung ausgelassen gespielt und ihr Mut gebührend von uns gefeiert!

VOLLER FREUDE UND STOLZ

Weil Boo sich ein bisschen überwinden musste, in dieser Seitengasse ihr Spielzeug zu suchen, ist ihre Freude über die eigene Leistung umso größer.

Tannenzapfen und Stöckchen finden

Unser Hund kann draußen schon gut verlorene Socken und Spielsachen suchen? Dann wird es Zeit, dass die Herausforderungen wachsen und er lernt, seine feine Nase noch besser einzusetzen.

Wenn wir nutzen, was uns die Natur auf der Hunderunde bietet, müssen wir zum einen nicht mehr so viel mit uns herumschleppen und zum anderen steigt die Herausforderung für den Hund, von uns einmal berührte Gegenstände zu finden – und es eröffnen sich auf diese Weise ganz neue kreative und kluge Spielmöglichkeiten!

Gefahrenpotenzial

Tannenzapfen können zerbröseln und Teile davon in die Luftröhre geraten, die dann hochgehustet werden. Kleine Stöcke sind meist ungefährlich, doch auch sie können zu Verletzungen im Rachenraum führen. Hier müsst ihr selbst entscheiden: Ist euer Hund sehr temperamentvoll und stürmisch? Dann besser nicht mit kleinen Stöcken oder Tannenzapfen spielen. Ist er ruhig, besonnen und geschickt? Dann kann das Spielen mit Naturmaterialien eine tolle Möglichkeit sein, ihn noch weiter auszulasten und seine Fähigkeiten zu fördern.

Knox hat den richtigen Kiefernzapfen gefunden.

NADEL IM HEUHAUFEN

- **SS:** 5
- **KK:** Nasenleistung
- **BB:** Begeisterung boostert Bindung.
- **Spielziel:** Der Hund lernt, seine Nase immer besser einzusetzen.

Unser Hund kennt nun schon eine Menge Suchspiele, deshalb wird er diese Aufgabe fix verstehen. Der Anspruch an seine Nasenleistung steigt jedoch, weil er nun einen Tannenzapfen unter 100 Tannenzapfen finden soll, den wir nur kurz angefasst haben.

1. Zeigen und werfen. Wir starten wieder mit einem einfachen Level, zeigen ihm den aufgehobenen Tannenzapfen, setzen ihn ab und werfen den Zapfen vor seinen Augen auf den Waldboden, wo viele andere Tannenzapfen liegen.

2. Zum Suchen schicken. Wir lassen den Hund einen kurzen Moment gucken, schicken ihn zum Holen und freuen uns riesig, wenn er den „Richtigen" findet. Dann werfen wir den Tannenzapfen zur Belohnung und jagen unseren klugen Hund! Im nächsten Schritt setzen wir den Hund ab und gehen ein paar Meter ins Dickicht, lassen den Tannenzapfen irgendwo fallen und kommen zum Hund zurück. Er konnte nicht sehen, wo der Zapfen gelandet ist, und muss sich mit seiner feinen Nase an unserer Laufstrecke orientieren, um ihn zufinden. Die Strecke, die euer Suchprofi zurücklegen muss, um die „Nadel im Heuhaufen" zu finden, kann nach und nach verlängert werden.

003

Im Film Nadel im Heuhaufen findet Erna einen Stock unter vielen.

1

2

3

WEITERGEHEN

1. Katara beobachtet, wo der Tannenzapfen landet.

2. Steffi sagt „Weitergehen“ und führt die Hündin vorbei, …

3. … um sie nach einigen Metern zum Suchen zurückzuschicken.

SS: 4
KK: Impulskontrolle, viel verstehen
BB: Mehr Entspannung im Alltag sorgt für mehr Harmonie.
Spielziel: Der Hund lernt das Wort „Weitergehen“.

Wenn Hunde sich beim Anblick von Fahrradfahrern, Joggern oder anderen Hunden schnell aufregen, kann das wichtige Wort „Weitergehen“ sie bei der Bewältigung dieser Situation gut unterstützen. Wenn das Wort zuvor positiv aufgebaut wurde, funktioniert es viel besser, da es freundliche Gefühle in der angespannten Situation erzeugt. Und das erreichen wir, indem Hunde das Wort und die damit verknüpfte Handlung in einem spielerischen Kontext kennenlernen.

1. Stock oder Zapfen werfen. Der Hund soll warten und schauen, wie wir einen Stock oder Tannenzapfen ins Unterholz werfen.

2. Weitergehen. Jetzt darf er aber nicht sofort hinlaufen, sondern soll an unserer Seite „weitergehen“. Dazu animieren wir ihn, indem wir an unser Bein klopfen, „Komm mit“ und „Weitergehen“ sagen. Das wird ihn anfangs verwirren und stürmische Kandidaten kann man vorsichtshalber mit der Leine absichern.

3. Zum Holen schicken. Hat der Hund ein paar Meter geschafft, wird er zum Holen zurückgeschickt – natürlich wird das Ganze dann durch ein albernes Spiel gefeiert.

4. Ständig wiederholen. Durch regelmäßige Wiederholung prägt sich der Sinn des Wortes „Weitergehen“ beim Hund ein und wird positiv wahrgenommen – denn am Ende wird jedes Weitergehen mit einem lustigen Spiel belohnt. In brenzligen Situationen eingesetzt ermöglicht es dem Hund, sich auf uns zu konzentrieren und bietet ihm eine sinnvolle Handlungsalternative zum Pöbeln und Eskalieren.

FINDEFUCHS

SS: 5
KK: Selbstregulation, Frustrationstoleranz
BB: Kooperation auf hohem Niveau.
Spielziel: Der Hund lernt, sich immer besser selbst zu kontrollieren.

Wenn wir Hunde immer wieder durch neue Handlungsweisen überraschen, machen wir uns nicht nur interessant, sondern fördern die Entwicklung einer immer besseren Impulskontrolle. Hier soll der Hund einen Stock nicht gleich holen, sondern vorher erst mal zu uns kommen.

1. Absetzen und Weggehen. Wir suchen uns einen geeigneten Stock oder Tannenzapfen und zeigen ihn dem Hund. Dann wird er abgesetzt und wir gehen ein Stück weit weg.

2. Werfen und Weitergehen. Jetzt werfen wir den Stock ins Unterholz, bleiben kurz stehen, gucken hinterher (optische und geruchliche Markierung des „Abwurfortes" für den Hund) und gehen dann noch ein Stück weiter.

3. Abrufen. Als Nächstes wird der Hund gerufen – jetzt müssen wir darauf bestehen, dass er zu uns kommt, und nicht sofort den Stock sucht. Temperamentvolle Kandidaten kann man am Anfang mit einer Leine absichern und die Distanzen kurz halten, damit wir sofort ein Erfolgserlebnis feiern können.

4. Zum Suchen schicken. Ist der Hund bei uns angekommen, loben wir ihn ruhig mit der Stimme und schicken ihn dann zur ersehnten Suche. Sobald der Hund mit dem Stock zu uns kommt, wird fröhlich gespielt.

1. Knox wartet und beobachtet den Fallpunkt.

2. Im Anschluss soll er erst zu mir kommen …

3. … und wird danach zum Suchen geschickt.

4. Unsere gemeinsame Freude ist der schönste Finderlohn.

1

2

3

4

MIT KINDERN SPIELEN

Charly liebt es, die versteckten Kinder seiner Familie zu suchen – ein verbindender Nervenkitzel für beide Seiten.

Versteckspiele!

Nach den vorigen Suchspielen hat der Hund verstanden, was er machen soll: warten und dann etwas finden. Und dieses „Etwas" werden jetzt wir!

Verstecken spielen macht Hunden wahnsinnig viel Spaß: Unser Verschwinden ist für viele Hunde eine kleine oder größere Herausforderung, die wir entsprechend angepasst an die Persönlichkeit und Biografie des Hundes aufbauen müssen. Der Nervenkitzel, allein zu sein und uns nicht mehr zu sehen, lässt sich jedoch gut aushalten, weil die Belohnung aus dem aufregenden Suchen und Wiederfinden besteht, das dann natürlich ausgiebig gefeiert wird. Wir spielen bei diesem Spiel also Ängste nach, mit denen wir gleichzeitig umgehen lernen: Die Angst, jemanden zu verlieren, den man liebt – und die Erfahrung, dass man ihn immer wiederfindet, weil er immer da ist. Das ist ja eine entscheidende Funktion von Spielen: Das „Training des Unerwarteten" ist eine wichtige Vorbereitung auf reale, unvorhergesehene Stressmomente im Leben, um dann besser mit der Situation umgehen zu können.

Im Garten. Natürlich kann man auch im heimischen Garten besonders gut zusammen mit Kindern Verstecken spielen. So sind alle beschäftigt, haben Spaß und wachsen als Team noch fester zusammen.

Ein Tipp für alle Suchspiele: Beobachtet euren Hund ganz bewusst beim Start der Suche. Hunde sind nicht doof, am Anfang verlassen sie sich auf das, was sie sehen konnten. Deshalb kürzen sie meist den Weg ab bis zu der Stelle, an der wir aus ihrem Sichtfeld verschwunden sind. Erst dann nehmen sie den Kopf herunter und setzen ihre Nase ein, um uns oder ein verstecktes Spielzeug zu finden.

VERSTECKEN SPIELEN

SS: 3 – 4
KK: Impulskontrolle wächst.
BB: Fokus zu 100 Prozent auf uns!
Spielziel: Unsere Fährte ist spannender als die von Maus und Hase.

004
In diesem Film seht ihr, wie ihr euch verstecken und dann euren Hund abrufen könnt.

Besonders auf Joggingrunden spiele ich gerne mal Verstecken mit Knox. Er wird dann aus dem Lauf abgesetzt (siehe „Stop and Go“, Seite 72) und ich sprinte los, um mich irgendwo zu verstecken. Für den Hund ist all das wahnsinnig aufregend: Unser Weglaufen genauso wie das Sitzenbleiben und warten, während wir verschwunden sind. Voraussetzung für dieses Spiel ist natürlich, dass der Hund ganz sicher nicht stiften geht!

1. Versteckspiel kennenlernen. Wir setzen den Hund ab („Sitz und Bleib“, Seite 43) und gehen am Anfang nur ein paar Meter weg, verschwinden zum Beispiel erst mal zu Hause hinter einem Türrahmen oder einem dicken Baumstamm und tauchen wieder auf. Dann verstecken wir uns wieder – und rufen ihn! Natürlich konnte unser kluger Hund sehen, wo wir uns versteckt haben. Nun ist der Groschen gefallen, er versteht, dass er uns suchen soll. Große Freude und Spielen nicht vergessen.

2. Aus dem Lauf. Wir setzen den Hund beim Joggen oder Spazierengehen aus der Bewegung ab, gehen oder rennen weiter und verstecken uns. Das Warten während wir uns weiterbewegen ist für den Hund eine größere Herausforderung und erhöht die Spannung enorm. Deswegen starten wir mit Gehen und steigern uns ins Rennen – deshalb ist es gut, wenn der Hund vorher schon das Stop-and-Go-Spiel kennengelernt hat.

3. Schwieriger verstecken. Irgendwann können wir die Dauer verlängern, immer tiefer im Unterholz verschwinden, Slalom um Bäume gehen, Haken schlagen oder auch mal auf Bäume klettern, um die Schwierigkeitsstufe zu erhöhen.

4. Abrufen. Auf weite Entfernungen hilft es, wenn Hunde den „Komm-Pfiff“ kennen, bei nahen Distanzen können wir rufen und der Hund darf endlich suchen! Er kommt angeflogen und muss je nach Versteckschwierigkeit seine Nase einsetzen und unsere Spur verfolgen, um uns zu finden. Natürlich haben wir uns schon vorsorglich mit einem ungefährlichen Stock oder Spielzeug präpariert, mit dem wir dann zerren und den Hund gewinnen lassen oder hinter ihm herjagen. Toller Nebeneffekt: Nicht die Spuren von Wildtieren, sondern unser Geruch wird für den Hund am wichtigsten auf dieser Welt!

1. Trine kennt und liebt Versteckenspielen und wartet geduldig.

2. Maria versteckt sich abseits des Weges und ruft Trine.

3. Der Moment des Findens ist das absolute Highlight für Hunde!

1

2

3

VERSTECKSPIELVARIANTE: DA UND WEG

SS: 3 – 5
KK: Impulskontrolle, Belohnungsaufschub und Geduld
BB: Was wir tun, ist unfassbar spannend.
Spielziel: Ausdauer und Resilienz

Besonders spannend wird die Bleib-Übung, wenn wir zum Beispiel auf einem Waldweg hinter Bäumen verschwinden, immer wieder auftauchen und uns erneut verstecken.

1. Kurz verstecken. Der Hund wird auf dem Waldweg abgesetzt, wir verschwinden hinter einem Baum, zählen nur bis zwei und tauchen wieder auf. Achtung: Für junge Hunde ist es sehr schwierig auszuhalten, dass wir nicht mehr zu sehen sind. Hier reicht anfangs, nur andeutungsweise zu verschwinden.
2. Spannung halten. Kurz stehen bleiben, dann zum Hund zurückgehen und auflösen.

1

2

3

4

5

1. Berti beobachtet seine Menschen beim Weggehen.

2. Immer länger kann er warten, auch dann, wenn …

3. … Feline und Tina auftauchen und wieder verschwinden.

4. Er wartet sogar, wenn Feline einen Hampelmann macht.

5. Nach so viel Sitzfleisch ist das Abrufen eine mega Belohnung!

3. Spielen! Zur Belohnung könnt ihr ein Stück mit ihm rennen oder nach einem Stock am Wegesrand suchen, um damit ein Zerrspiel zu spielen.
4. Versteckdauer erhöhen. Jetzt können wir immer länger aus dem Blickfeld des Hundes verschwinden. Das Zählen hilft uns zu „dokumentieren", wie lange unser Hund schon sitzen bleiben kann, ohne uns zu sehen. Und wenn er schon sicher sitzen bleibt, ihn abzurufen. So wird das „Zu-uns-kommen-Dürfen" zur schönsten Belohnung!
5. Nicht überfordern! Ganz wichtig: immer nur so lange verstecken, wie der Hund die Spannung auch aushalten kann! Sollte er angelaufen kommen, bevor wir ihn gerufen haben, wird der Hund freundlich, aber klar an den Ausgangsplatz zurückgebracht. Dann kürzer verstecken (nur bis drei zählen) und dann abrufen. So stellen wir sicher, dass er am Ende sein Erfolgserlebnis hat.
6. Verstecke wechseln. Gute Warter können es irgendwann sogar aushalten, dass wir die Verstecke wechseln, quer über den Weg laufen, immer wieder auftauchen und wieder verschwinden – bis wir ihn fröhlich abrufen. Die spannende Warterei wird gebührend durch ausgelassenes Spielen gefeiert! Sinn dieses Spiels: Der Hund bleibt immer zuverlässiger sitzen, auch wenn die Situation aufregend ist.
7. Variante für noch mehr Sitzfleisch: Hebt auf dem Weg einen Tannenzapfen auf, zerknackt Stöcke, geht raschelnd durchs Unterholz – all diese Geräusche sind aufregend und es ist für den Hund noch schwieriger, sitzen bleiben zu können! Wenn er dann endlich kommen darf – werft den Tannenzapfen/ein Spielzeug und das Warten hat sich gelohnt! Nebenbei wird der Hund daran gewöhnt, spannende Geräusche auszuhalten und dennoch zu bleiben.
8. Shootingstar. Das Wort „Bleib" zu verinnerlichen macht auch in Situationen Sinn, in denen der Hund in bestimmten Positionen verharren soll. Zum Beispiel, wenn er bei Fotoshootings mit den Vorderpfoten an Gegenständen abgestützt stehen bleiben soll.

SICHER DURCH DEN ALLTAG

Ein Hund, der spielerisch die Welt erobern und viel lernen durfte, wird ein gelassener und zuverlässiger Lebensbegleiter werden.

Die Welt als Parcours sehen

Es macht Sinn und sehr viel Spaß, Hunde immer wieder vor neue Herausforderungen zu stellen: Sie entdecken die Welt aus neuen Perspektiven, trauen sich immer mehr zu und haben das Gefühl, „alles schaffen zu können".

Später können sie auch andere herausfordernde Alltagssituationen wie Bahn-, Bus-, Fahrstuhl- oder Liftfahren mit viel mehr Mut angehen oder viel leichter an das Fahren im Fahrradanhänger oder -korb gewöhnt werden. Überall in der Tierwelt suchen Tiere den „Kick" und probieren Dinge aus, die ein bisschen gefährlich sein könnten („Training für das Unerwartete"). Da rodeln Elstern auf Margarinedeckeln Dächer hinunter oder Orang-Utan-Jugendliche hängen sich kopfüber über tosende Flüsse. Auch Hunde suchen den Nervenkitzel und bringen sich selbst, besonders als Halbstarke, immer wieder in „aufregende" Situationen. Bei den jetzt folgenden Spielen greifen wir diese Neugier an Herausforderungen auf und bereiten unsere Hunde auf die Abenteuer im „echten Leben" vor.

UNERSCHROCKEN DURCHS LEBEN

- **SS:** 1 – 5
- **KK:** Mehr Selbstwirksamkeit, Offenheit, Mut
- **BB:** Wir schaffen alles zusammen!
- **Spielziel:** Ein Hund, der unerschrocken, voller Neugier und motorisch geschickt neue Dinge ausprobiert.

1. Banksport. Hunde können auf Bänke springen und müssen dort kurz warten, während wir den Ball oder das Zerrseil für ein Fang- oder Zerrspiel werfen. Über Bänke kann man auch gut balancieren, drüber springen oder drunter durchkriechen. All diese Aktionen schulen das Körperbewusstsein und halten den Hund beweglich!

Junge und alte Hunde nicht zu viel springen lassen, sondern auch mal herunterheben.

2. Perspektivwechsel. Die Welt von neuen Standorten aus betrachten finden nicht nur wir Menschen toll. Am besten mal mit dem Hund zusammen auf einen aufgerollten Strohballen klettern und die Aussicht genießen. Wem das zu mühsam ist, der kann den Hund auch einfach mal auf einen Baumstamm springen und dort balancieren lassen. Wichtig: Leckerlis sind toll, doch füttert sie lieber am Ende, wenn der Hund ein Stück gelaufen ist. Der Finger zeigt den Weg und wie immer soll der Hund warten, bis wir ihn auflösen – dann feiern und gerne auch das Leckerchen geben! Sensible Exemplare mit kleinen Schritten immer mutiger machen – auch über unsere Stimme können wir Gefühle im Hund erzeugen und ihn stark motivieren, sich mehr zu trauen! Jedes Mutigsein wird mit viel Freude gefeiert!

3. Gruselfaktor. Andere Hunde finden es unheimlich, durch ein Baustellenrohr zu laufen oder sogar zu kriechen – hier einfach den Hund davor absetzen, einmal rumlaufen und ihm am besten halb entgegenkrabbeln. Überzeugungsarbeit, sich zu überwinden, kann neben uns das Lieblingsspielzeug sein, das wir in der Hand halten oder ein Leckerli, mit dem wir den Angsthasen locken.

4. Wackelige Angelegenheit. Alles, was wackelt, kann Hunde erst mal verunsichern. Deshalb ist es toll, Hunde in eine Schubkarre zu setzen und sie ein Stück zu schieben. Am Anfang reicht es, die Schubkarre an den Griffen anzuheben und wieder abzusetzen. Nach und nach kann man dann ein bisschen schieben und irgendwann sogar mit Tempo laufen oder über eine hubbelige Wiese marschieren. Auch gut: Der Hund

1. Für Cooper ist „Banksport“ eine willkommene Abwechslung …

2. … bei der Gassirunde in der Mittagspause.

1

2

sitzt in einem Bollerwagen, der hinterhergezogen wird. Wichtig: Er soll immer sitzen oder stehen bleiben und darf nie von sich aus herausspringen. Erst auf das Auflösungswort hin ist die Herausforderung vorbei – und es wird begeistert gefeiert!

5. Hoppe, hoppe Reiter. Wenn der Hund nicht zu schwer ist, kann er auf unseren Rücken springen („Hopp", Seite 23), dort stehen bleiben und wir laufen im Vierfüßlerstand durchs Haus/durch den Garten, während er sich oben halten muss. Das ist für den Hund eine ziemlich wackelige Angelegenheit, trainiert die Verlässlichkeit, schult sein Konzentrationsvermögen, erhöht das Vertrauen in uns und macht ihn offener für andere „merkwürdige" Situationen im Leben. Knox steht manchmal auf unserem Rücken, wenn wir schwimmen – ein absoluter Vertrauensbeweis (siehe Seite 108).

6. Mut lohnt sich. Wenn sich die Gelegenheit ergibt, können Hunde auch über Klettergeräte im Park balancieren. Einfach nutzen, was die Umwelt uns an Möglichkeiten bietet!

Steine, Baumstämme, Wackelbrücken: Nutzt jede Gelegenheit, die sich bietet.

WASTE WATCH DOG

- **SS:** 8 – 10
- **KK:** Kooperation, viel verstehen und können
- **BB:** Applaus befeuert Bindung!
- **Spielziel:** Der Hund lernt, auf unsere Ansage hin Müll zu sammeln und zum nächsten Mülleimer zu tragen.

Glas, scharfkantige Dosen, Deckel oder kleine Plastikteile sind tabu.

1. Aufräum-Profi. Räumt unser Hund mit Begeisterung auf und nimmt dabei auch unterschiedlichste Materialien ins Maul, kann er von uns gezielt auf ungefährlichen, aber nervigen Müll vorbereitet werden:

2. In den eigenen vier Wänden. Voraussetzung für die „Ausbildung" zum Waste Watch Dog ist das Spiel „Aufräumen" auf Seite 70. Bevor es ans Müllsammeln im Park geht, lest ihr dort, wie man den Hund in den eigenen vier Wänden an das Aufnehmen von Gemüseschalen, Chipsverpackungen, Joghurtbechern, Plastikflaschen und Coladosen gewöhnen kann. Kann er die verschiedenen Materialen greifen und in die Kiste werfen, wird das Spiel in den Garten verlagert.

3. Garten mit Müll dekorieren. Jetzt können wir unseren Garten mit Müll dekorieren und den Hund immer auf unsere Anzeige hin einsammeln lassen. Wir platzieren einen Papierkorb an unterschiedlichen Stellen im Garten und bringen dem Hund bei, in diesen die Flaschen und Joghurtbecher zu werfen. Jeder gelungene Einwurf wird gefeiert und gegebenenfalls mit einem Leckerchen belohnt.

4. Auf in den Park! Jetzt können wir im realen Leben auf der Gassirunde Müllsammeln gehen. Wichtig: Der Hund holt nur, worauf wir zeigen – damit er nicht anfängt, selbstständig zerbrochene Glasflaschen aus dem Gebüsch zu holen.

5. Flaschen fischen. Hunde, die gerne schwimmen (Schwimmspiele, Seite 105) können auch Plastikflaschen aus Gewässern fischen (Seite 109) – eine tolle Beschäftigung mit viel Sinn für unsere Helden auf vier Pfoten. Applaus von Passanten ist euch ebenfalls sicher.

1

2

3

4

1. Zuerst wird im Garten geübt. Klappt das gut, …
2. … können wir mit Müll im Park trainieren.
3. Knox sammelt den Joghurtbecher auf und bringt ihn mir.
4. Große Hunde können sogar lernen, den Müll selbst „einzulochen“.

EIN SCHWIMM-DUMMY WIRKT WUNDER …

… vor allem, wenn der Hund schon apportieren kann. Das steigert den Mut und die Motivation ungemein.

Wasserratten-Spiele

Es gibt für mich nichts Schöneres, als im Sommer morgens mit meinen Hunden eine Runde im See zu schwimmen und gemeinsam die Natur zu genießen. Leider sehe ich selten andere schwimmende Mensch-Hund-Teams.

Dabei ist das so ein wunderbar verbindendes Erlebnis – für euch als Team, aber auch eine starke gemeinsame, mit der Natur verbindende Erfahrung. Die meisten Hunde lieben das Schwimmen, wenn sie es in den ersten Lebensmonaten als etwas Schönes kennenlernen durften. Die sensible Phase der Wassergewöhnung wird oft verpasst, doch es ist nie zu spät, seinen Hund fürs kühle Nass zu begeistern! Es braucht nur später mehr Geduld und gute Argumente – zum Beispiel lustige Spiele.

SEEPFERDCHEN

- **SS:** 1
- **KK:** Die eigene Angst überwinden (Selbstwirksamkeit!) und schwimmen können.
- **BB:** Herausforderung meistern und Neues lernen.
- **Spielziel:** Der Hund lernt schwimmen und erobert sich dadurch ein neues Element für tolle Erlebnisse und spannende Spiele mit uns.

1. Fürs Wasser begeistern. Wir nehmen jeden Druck aus der Situation und versuchen, den Hund für Wasser zu begeistern. Dabei schauen wir, was ihn am meisten motiviert. Wichtig: Sucht euch nicht eine stürmische Meeresküste, sondern lieber einen warmen See mit seichtem Ufer und warmes Wetter für den ersten Badetag aus. Nehmt euch viel Zeit und packt neben dem Schwimmtier oder Schwimm-Dummy eine große Portion Geduld und gute Laune mit in die Badetasche.

– **Welpen.** Sie finden meist alles toll, was wir toll finden, und wollen überall hinterher. Deshalb ist es am besten, früh mit ihnen ans und ins Wasser zu gehen. Viele schwimmen uns einfach hinterher und haben dadurch niemals darüber nachgedacht, möglicherweise nicht schwimmen zu können.

„Super, Boo!" So viel Mut wird gefeiert.

– Junghunde und erwachsene Hunde. Je älter der Hund ist, desto kritischer wird er an das neue Element herantreten. Hier müssen wir uns genau überlegen, was ihn überzeugen könnte. Bei verspielten Kandidaten, die gerne Dinge apportieren, könnte man mit einem Wasser-Dummy, der anfangs im seichten Wasser schwimmt, starten. Erst spielen wir am Ufer, dann landet der Dummy „wie zufällig" im pfotentiefen Wasser. Das wird genauso gefeiert wie das Holen an Land, und passiert uns anschließend immer mal wieder. Dabei kann der Dummy jedes Mal ein bisschen weiter reinfliegen. Viele Hunde sind so im Eifer, dass sie sich überwinden und mit den Pfoten den Untergrund verlassen, um die ersten Schwimmzüge zu machen – das wird natürlich gebührend gefeiert!

2. Model Rival. Wenn ihr einen Hundekumpel kennt, der gerne schwimmt, macht es sehr viel Sinn, diesen mitzunehmen und fürs Apportieren aus dem Wasser mit Pauken und Trompeten zu feiern. Jeder Hund möchte gerne der tollste Hund sein, deshalb kann man nach dem Zugucken auch den eigenen Hund den Dummy holen lassen – zuerst aus dem seichten und dann aus immer tiefer werdenden Wasser.

3. Druck vermeiden. Manche Hunde gehen am ersten Tag schwimmen, andere brauchen mehrere Ausflüge, um sich zu trauen. Manche brauchen statt viel Tamtam eher den Einsatz von Leckerlis, um sich ins Wasser zu wagen. Schaut genau hin, was für euren Hund das Richtige ist, und begeistert ihn in seinem Tempo und auf seine Art fürs Wasser. Allen guten Zuredens zum Trotz: Es gibt auch Hunde, die einfach nicht gerne schwimmen. Freut euch, wenn diese Kandidaten mit den Pfoten ins Wasser gehen.

Auch Wasservögel werden so zur Nebensache!

1

2

3

1. Auch wenn Knox klein ist, …

2. … habe ich beim Wettschwimmen meist keine Chance.

3. Und auch diesmal hat Knox wieder gewonnen.

WASSERRATTEN-WETTSCHWIMMEN

SS: 1 – 2
KK: Schwimmgeschwindigkeit erhöhen, Impulskontrolle
BB: Lachen und geteilte Freude.
Spielziel: Um die Wette schwimmen und Spaß haben.

1. Auf die Plätze, fertig, los. Wir positionieren uns am Wasser, schwimmen zusammen mit einem Wasser-Dummy raus oder werfen das Schwimmspielzeug in den See oder Fluss mit leichter Strömung. Mit dem Auflösewort beginnt der Contest: Wer erreicht zuerst den Stock oder den Dummy? Wenn wir gewinnen, werfen wir die Beute noch ein bisschen weiter und erhöhen die Schwimmstrecke!

2. Vorsprung. Hunde sind verdammt gute Schwimmer, deshalb ist es oft angebracht, uns Menschen einen kleinen Vorsprung zu gewähren. Vom Ufer aus dürfen wir Zweibeiner nach dem Werfen daher schon ein kleines Stück vorschwimmen und rufen den wartenden Hund dann zur Aufholjagd!

1

2

AUF DEM RÜCKEN SCHWIMMEN

1. Im seichten Uferbereich steigt Knox auf …

2. … und lässt sich dann durchs Wasser „tragen".

SS: 8
KK: Mutig sein
BB: Hohes Maß an Vertrauen
Spielziel: Auf dem Rücken reiten aufs Wasser übertragen.

Kleine Hunde, die an unterschiedlichste Transportmöglichkeiten inklusive unseres Rückens (Seite 22, 101) gewöhnt wurden und Wasser lieben, können auch lernen, auf unserem Rücken zu stehen, während wir schwimmen. Das sieht nicht nur für alle anderen sehr lustig aus, sondern ist auch ein toller Vertrauensbeweis.

1. Am Ufer aufsteigen lassen. Voraussetzung für diese Herausforderung ist, dass der Hund sicher auf dem Rücken reitet und gut schwimmen kann. Jetzt hocken wir uns am Wasser hin und fordern den Hund auf, auf den Rücken zu springen. Das erste Mal gehen wir gebückt kurz bis ans Wasser und wieder raus.

2. Erste Schwimmzüge. Wenn der Hund das mit Vertrauen macht, können wir die ersten Schwimmzüge wagen. Diese ersten Ausflüge ins Wasser kurz halten, um den Hund nicht zu überfordern!

3. Längere Strecken schwimmen. Hat der Hund sich gut an die neue Situation gewöhnt, können wir längere Strecken schwimmen, ihn irgendwann auch selbst schwimmen lassen, indem wir ihn auf Aufforderung „absteigen lassen" oder nach Ansage untertauchen, sodass wir zusammen weiterschwimmen.
Ist ja klar: Eure riesige Freude nach jeder gemeisterten Herausforderung solltet ihr niemals verheimlichen.

MÜLL FISCHEN

SS: 8
KK: Viele Dinge können macht selbstbewusst.
BB: Applaus von uns macht glücklich.
Spielziel: Mithilfe unseres tollen Hundes erreichen wir auch Müll, der im Wasser schwimmt.

Wer einen Hund hat, der gerne aus dem Wasser Dummys bringt und bereits Müllsammeln gelernt hat (Seite 102), kann ihm sehr leicht das Müllfischen beibringen:

1. Müll mitnehmen. Wir bringen Müll mit und werfen ihn heimlich statt des Dummys oder Schwimmtieres ins Wasser, während unser Hund gerade abgelenkt ist. Wir positionieren ihn am Ufer, weisen mit der Hand auf die Flasche und sagen: „Pick up!"

2. Eintauchen. Der Hund springt ins Wasser, holt die Flasche und wird dafür gefeiert, als hätte er einen Marathon gewonnen.

3. Echter Müll. Das „heimliche" Wegwerfen und anschließende Müllfischen wiederholen wir immer mal wieder, bis uns leider bald die erste „echte" Müllaufgabe im Wasser begegnet, bei der unser toller Helden-Hund zeigen kann, was er gelernt hat.

Natürlich entsorgen wir den Müll danach im nächsten Mülleimer.

1

2

3

1. Auf das Signalwort hin weiß Knox, was er machen soll.
2. Es ist gar nicht so leicht, die Plastikflasche im Wasser zu greifen.
3. Umso größer ist das Erfolgserlebnis: „Gut gemacht, Knox!"

Dummy-Spiele

Auf den nächsten Seiten erwartet euch kein professionelles Dummy-Training. Hier geht es darum, eurem Hund und euch Lust auf ein paar Dummy-Spiele zu machen, die wir gut in den Alltag integrieren und die Fähigkeiten stärken können.

Spiel ist zwar per Definition frei von Ernst, aber Dummys eignen sich hervorragend dazu, Spiel und Üben an Kernkompetenzen zu kombinieren. Voraussetzung für Spaß an der Sache ist die Bringfreude eures Hundes. Ist sie erst mal geweckt oder schon vorhanden, können sich durch Dummy-Spiele viele neue Türen öffnen:

– Hunde lernen sich zu erinnern, zu zählen und entdecken ihre Freude am hartnäckigen Suchen durch Nasen- und Gedächtnisarbeit.
– Wir können auf immer weitere Distanzen mit ihnen kommunizieren.
– Durch den Spaßfaktor machen die kleinen Sandsäckchen mit der Zeit sogar dem Wild im Dickicht Konkurrenz: Dummy-Spiele werden so spannend, dass Hunde die frische Hasenspur links liegen lassen und das Finden und Bringen des Dummys zum fröhlichen Ziel jeder Stöberei wird.

Eigentlich und ursprünglich gehören Dummys natürlich in Jägerhände und werden von kältetrotzenden Retrievern und Spaniels aus Eiswasser oder unübersichtlichem Gelände apportiert und schnurstracks zum wartenden Besitzer gebracht. Mithilfe dieses „Wildfakes", also dem „Dummy", soll den Hunden beigebracht werden, sich Fallpunkte von geschossenen Vögeln zu merken und sie so schnell und sicher wie möglich zum Jäger zu bringen. Aus dieser klassischen Aufgabe hat sich in den letzten Jahrzehnten ein eigener Sport entwickelt: Auf Prüfungen der Retriever-Vereine, aber auch in Hundeschulen werden die Hunde vor immer neue, schwierige Aufgaben gestellt, die eine hohe Konzentration der Hunde und eine besonders feine Kommunikation zwischen Mensch und Hund erfordern. Probiert es aus, und wenn ihr Spaß am Dummy-Training habt, solltet ihr unbedingt mehr daraus machen!

Dummys gibt es in unterschiedlichen Größen und Farben. Fünf sollten es mindestens sein.

EQUIPMENT

Fünf Dummys (blaue und weiße Dummys für Anfänger), die zur Größe eures Hundes passen, eine fünf Meter Schleppleine, weiche Leckerlis. Ebenso wie bei den „Profis" vertraue ich übrigens den ursprünglichen Dummys, die nur mit Sand gefüllt sind. Warum? Weil es Hunden sowieso schon sehr schwerfällt, etwas Interessantes zu uns zu bringen, und sich nicht damit aus dem Staub zu machen. Wir erschweren dem Hund die Aufgabe also ungemein, wenn wir Futter-Dummys verwenden. Einen Happen zur Belohnung gibt es deshalb bei mir direkt aus der Hand – aber erst, wenn das Apportel brav überbracht wurde.

Probiert verschiedene Dummy-Größen aus: Manche Hunde sind zwar groß, bevorzugen aber kleinere Dummys – und umgekehrt!

2

1

APPORTIEREN LERNEN

1. Eine aufregende Situation auszuhalten, …
2. … lernt Boo ganz nebenbei.

SS: 3 – 10
KK: Viel können
BB: Zusammen Neues lernen verbindet.
Spielziel: Erst in der Wohnung, dann im Garten und später im Wald lernt der Hund den Dummy als etwas besonders Wertvolles kennen, mit dem er Erfolgserlebnisse und sehr positive Gefühle verknüpft.

1. Spannend machen. Als Erstes müssen wir den Hund für das kleine Sandsäckchen begeistern. Dazu zeigen wir das tolle Ding die ersten Tage nur aus der Ferne. Auch wenn es merkwürdig scheint: Nehmt den Dummy im Laufe der ersten Tage nur hin und wieder aus dem Regal, wiegt ihn bedeutungsschwanger in der Hand, schnuppert daran und gebt dabei bewundernde Laute von euch. Der Hund darf auch einmal daran schnuppern, bevor wir ihn wieder zurück auf seinen unerreichbaren Platz legen. Wetten, euer Hund ist total interessiert an dem Dummy?

2. Abgeben lernen. Jetzt darf der Hund den Dummy nehmen – er sitzt dabei vor uns, wir geben den Dummy, loben ihn fürs kurze Halten, sagen dann „Aus“ (Seite 40) und belohnen ihn mit einem Leckerli.

3. Nachdem das Dummy geworfen wurde, wird kurz die Spannung gehalten.

4. Dann folgt das Signal „Apport“ als Freigabe.

5. Anfängerhunde dürfen das Dummy noch eine Runde tragen.

3. Halten verlängern. Schon an diesem Punkt können wir das Halten etablieren, indem wir ihn den Dummy immer etwas länger halten lassen.

4. Werfen und Bringen. Der Hund hat ja schon gelernt, sitzen zu bleiben, wenn wir etwas werfen (Seite 45). Jetzt werfen wir statt eines Spielzeugs den neuen Dummy und feiern den Hund dafür, wenn er ihn zu uns bringt. Am Anfang landet er nur einen Meter von uns entfernt – und muss auch nicht sofort abgegeben werden. Lasst eurem Hund Zeit. Er darf den Dummy auch mal kurz behalten und ihn ein bisschen stolz herumtragen. Freut euch über euren tollen Hund. Am Ende soll er immer auf Ansage den Dummy abgeben und bekommt dafür eine Belohnung.

5. Leckerli nicht in der Hand halten! Viele Hunde werden durch das Leckerli in der Hand abgelenkt, lassen den Dummy schon auf dem Weg zu uns fallen und kommen ohne ihn angerannt. Deshalb wird das Leckerli erst dann aus dem Beutel oder der Hosentasche gefischt, wenn der Dummy sauber in unsere Hand abgegeben wurde und der Hund ruhig wartend dasitzt.

6. Signalwort etablieren. Ab jetzt sagen wir deutlich „Apport!“, wenn wir den Hund zum Holen des Dummys schicken.

7. Wenn der Hund stiften geht. Möchte der Hund den Dummy nicht abgeben oder verliert das Interesse, gibt es zwei Möglichkeiten, ihn für diese Beschäftigung zu begeistern:

3

4

5

Boo guckt zu, was Knox schon kann, und versteht dadurch das Ziel.

005

Im Film „Lernen durch Beobachten" wird gezeigt, wie ein junger Hund vom erfahrenen lernen kann.

– **Model Rival.** Wir machen Dummy-Training mit einem anderen Hund vor, der das schon richtig gut kann. Unser eigener Hund wird es mit Argusaugen beobachten und auch unbedingt mitmachen wollen. Nachdem wir uns vom „Rivalen" ein paar Runden lang Dummys haben bringen lassen, ist unser Hund dran und „darf" auch mal. Die allermeisten Hunde sind sofort hochmotiviert und möchten zeigen, dass sie das auch können und Applaus und Leckerlies verdienen.

– **Schleppleine.** Wenn Hunde nicht bringen wollen und keine „Rivalen" als „Modell" zur Verfügung stehen, können wir die Schleppleine zu Hilfe nehmen. Sobald sie den Dummy gegriffen haben, können wir sie erinnern, dass sie den Weg zu uns einschlagen sollen. Wichtig bei diesen Kandidaten: Werft den Dummy nicht zu weit weg, damit ihr schnelle Erfolgserlebnisse feiern und den Hund so fürs Abgeben begeistern könnt. Auch gut: Hat der Hund den Dummy im Fang, laufen wir rückwärts, klatschen in die Hände und animieren ihn, zu uns zu kommen. Lässt er sich tatsächlich überreden und läuft in unsere Richtung, müssen wir schnell reagieren: Wir hocken uns sofort hin, nutzen den Überraschungsmoment aus und nehmen den Dummy ab: „Aus!" Damit sich das Tauschgeschäft für ihn lohnt, zaubern wir in diesem Moment das Leckerchen hervor und freuen uns, als hätte er schon alles richtig gemacht.

8. Abgeben toll finden. Während der nächsten Tage wiederholen wir die Dummy-Übungen an unterschiedlichen Orten immer mal wieder – und festigen damit das neue Wort und das gute Erlebnis: nämlich, dass der Dummy spannend ist und es sich lohnt, ihn zu holen und in unsere Hand abzugeben. Nach einem Erfolgsmoment beenden wir sofort das Spiel, freuen uns gemeinsam und packen den Dummy weg – damit das Ganze maximal spannend bleibt und der Hund immer voller Vorfreude ist, wenn wir das nächste Mal den kleinen Sandsack auspacken.

9. Vor die Haustür gehen. Wenn das Dummy-Training im Haus gut klappt, verlagern wir es in den Garten oder Park und üben dort zunächst nur an abgelegenen Plätzen mit wenig Ablenkung. Hier können Dummys geworfen oder aber versteckt werden – Inspirationen dafür findet ihr beim Sachensucher-Spiel (Seite 54). Wenn Übungen immer wieder überraschend und unvorhersehbar sind, bleibt das Suchen, Finden und Bringen spannend und der Schwierigkeitsgrad kann nach und nach erhöht, also der Dummy immer größere Distanzen geworfen oder immer schwieriger versteckt werden.

Die Schleppleine unterstützt beim Zurückbringen.

ZWEI DUMMYS WERFEN ODER VERSTECKEN

SS: 6

KK: Konzentrationsdauer, Beobachtungsvermögen

BB: Attraktion durch spannende Aktion

Spielziel: Kann der Hund sicher und überall Dummys suchen und bringen, ist er bereit für mehr – er lernt zählen. Wir starten dafür mit zwei Dummys.

1. Zwei werfen. Jetzt zaubern wir zwei Dummys aus unserer Tasche. Wir starten wieder im Haus, werfen den ersten Dummy und lassen den Hund lange zum Fallpunkt gucken. Dann werfen wir den zweiten Dummy in die entgegengesetzte Richtung. Auch hier lassen wir den Hund wieder in Ruhe gucken.

2. An die Nummer eins erinnern. Hunde interessieren sich am meisten für das, was wir als Letztes berührt haben. Beim ersten Durchgang werden deshalb fast alle Hunde zum Dummy laufen wollen, der als Letztes geworfen wurde. Deshalb haben wir unseren Hund vorsorglich an die Schleppleine genommen und unseren Fuß darauf gestellt und können sofort stoppen, wenn er zum letzten Dummy flitzen möchte. Wir setzen ihn ab, gehen zum ersten Dummy, heben diesen kurz an (achtet auf eure Körperposition, damit der Hund euch gut sehen kann!) und rufen den ersten Dummy dadurch wieder in Erinnerung. Profis nennen diese Handlung „markieren", denn durch das Anfassen wird die Aufmerksamkeit auf den richtigen Gegenstand gelenkt.

1. Zuerst werden die Dummys nach links und rechts geworfen.

2. Gib deinem Hund Zeit, sich die Fallpunkte zu merken.

3. Dann schickst du ihn mit „Apport" zum ersten Dummy.

4. Mit der Leine stellst du sicher, dass er den richtigen Dummy holt.

1

2

3

4

5

6

7

5. Anschließend wird der Hund zum zweiten Dummy geschickt.

6. Riesig freuen nicht vergessen, wenn es gut geklappt hat.

7. Auf Seite 119 liest du, wie der zweite Hund warten lernt.

3. Losschicken. Jetzt hocken wir uns auf Hundenasenhöhe, strecken den Arm in Richtung des gewünschten Dummys aus und schicken den Hund zum Holen. Danach freuen wir uns, loben mit Stimme und Leckerli und setzen ihn wieder ab mit Blickrichtung zum zweiten Dummy. Die meisten Hunde erinnern sich noch ganz genau an diesen und man muss nicht noch einmal „markieren". Deshalb geben wir den Hund mit dem Handsignal und Signalwort „Apport!" in diese Richtung frei.

4. Übung macht den Meister. Wenn wir den Hund immer zum zuerst geworfenen Dummy schicken, können wir irgendwann das „Markieren" weglassen und belohnen nur noch, nachdem der Hund beide Dummys in der gewünschten Reihenfolge gebracht hat. Wichtig: Während der Konzentrationsphase halten wir durch unsere Körpersprache und eine motivierende, aber ruhige Stimme die Spannung hoch, um am Ende begeistert zu loben!

5. Draußen üben. Sobald der Hund die Übung sicher ausführt, können wir das Training nach draußen verlagern: Hier muss der Hund zuerst im Garten und später im Park beide Dummys finden. Dabei werfen wir am Anfang auf gemähten Rasenflächen, sodass die Dummys gut zu sehen und dadurch leicht zu finden sind. Später gehen wir auf ungemähte Wiesen oder ins Dickicht. Hier muss sich der Hund aus seiner Sitzposition heraus die Fallpunkte der Dummys genau merken. Deshalb ist es wichtig, dass wir ihm nach jedem Wurf ausreichend Zeit zum Gucken geben und den zweiten Dummy erst werfen, wenn er den Blick wieder uns zuwendet. Bitte nie vergessen: loben und spielen.

Eine zweite Person kann hier gut unterstützen, indem sie sich um die Schleppleine kümmert.

2

1

3

1. Svenja wirft jeden der vier Dummys in eine andere Himmelsrichtung.

2. Und lässt sie sich nacheinander von Didi bringen.

3. Er kann sich immer mehr Fallpunkte merken.

NOCH MEHR DUMMYS!

SS: 8 – 10
KK: Konzentrationsdauer, Impulskontrolle, Frustrationstoleranz, Erinnerungs- und Beobachtungsvermögen
BB: Teamgeist erleben und zusammen Erfolge feiern!
Spielziel: Der Hund lernt, sich immer mehr Fallpunkte und/oder Verstecke zu merken und bringt alle nacheinander zu uns zurück.

1. Erinnern lernen. Jetzt erweitern wir die Anzahl der Dummys innerhalb der nächsten Wochen langsam (!) auf bis zu sechs. Wichtig: bei jedem neuen Dummy erst mal nur werfen – schwierige Verstecke oder Fallpunkte kommen später an die Reihe.
2. Die vier Himmelsrichtungen. Damit der Hund sich erinnern lernt, starten wir wieder einfach und werfen jeden neuen Dummy im 90-Grad-Winkel zueinander weg. Werft immer so, dass der Hund den Fallpunkt gut sehen kann und lasst ihn so lange gucken, bis er den Blick wieder zu euch wendet, bevor ihr den nächsten Dummy werft.
3. Nach und nach. Immer dann, wenn er eine Anzahl zuverlässig erinnert und bringt, könnt ihr einen neuen Dummy etablieren. Macht es dem Hund so leicht wie möglich, sich erinnern zu können, damit er sich schlau und toll fühlt!
4. Belohnung am Ende. Mit der Zeit könnt ihr den Hund nur noch am Ende, nachdem er alle Dummys gebracht hat, mit Leckerchen belohnen. Dann aber gerne eine ganze Menge, sozusagen als „Jackpot". So lernt er, sich immer länger zu konzentrieren und am Stück zu arbeiten, er kann sich ja auf die Belohnung am Schluss verlassen.
5. Variation: mehr Hunde. Wenn wir zwei oder mehr Hunde haben, lässt sich hier sehr schön das „Einzelnschicken" üben. Dazu nennen wir immer zuerst den Hund beim Namen, der als Nächstes apportieren soll und rufen ihn an unsere Seite. Wir zeigen in Richtung des geworfenen Dummys mit gerade ausgestrecktem Arm und sagen dann deutlich „Apport!". Die Krux: Auch der scheinbar „arbeitslose" Hund hat viel zu leisten, denn er soll warten und zuschauen, wie der Kollege die spannende Aufgabe erfüllen darf. Natürlich wird er die ersten Male auch mitrennen und holen wollen. Das verhindern wir, indem wir ihn in weiser Voraussicht an die Schleppleine genommen haben und mit dem Fuß auf der Leine stehen. Anschließend wird der erste Hund fürs Holen und der zweite fürs Warten gefeiert. So werden beide Hunde lernen, genau zuzuhören, wer arbeiten und wer warten soll.

> Nichts fühlt sich für Hunde oder Kinder deprimierender an, als eine Aufgabe nicht lösen zu können. So ein doofes Erlebnis sollten wir unbedingt verhindern, damit die Freude an Herausforderungen erhalten bleibt.

VERSTECKTE DUMMYS SUCHEN

SS: 5 – 8
KK: Nasenarbeit, Konzentrationsvermögen und Beobachtungsgabe.
BB: Wir sind spannender als der Rest der Welt.
Spielziel: Der Hund lernt, sich immer besser zu konzentrieren und ausdauernd an der Aufgabe zu arbeiten.

Wie schon bei den Sachensuchern (Seite 52 ff.) können Dummys auch auf höheren Ebenen platziert oder irgendwo versteckt werden.

1. Wegbringen statt wegwerfen. Ist der Hund schon zum „Apportier-Profi" geworden, sollten wir immer wieder Variationen einbauen, um seinen Abenteuergeist zu fordern. Deshalb werfen wir am Anfang zwei Dummys – nicht zu weit, um die Aufgabe schön leicht zu gestalten. Mit dem dritten und letzten Dummy gehen wir dann weg und legen ihn an einen besonderen Ort. Wir können ihn zum Beispiel auf einen Findling drapieren, in eine Astgabel hängen oder in eine Mulde am Boden legen. Wichtig am Anfang: Der Hund muss gut sehen können, wo wir den Dummy verstecken, damit er ein schnelles Erfolgserlebnis hat.

2. Erinnern lassen. Zuerst soll der Hund die beiden geworfenen Dummys bringen (sehr motivierte Kandidaten werden zur Not mit der Schleppleine gestoppt) – dann testen wir sein Erinnerungsvermögen, indem er den „besonderen" Dummy bringen darf.

3. Verdeckt ermitteln. Klappt das Erinnern gut, können wir den Dummy auch so verstecken, dass der Hund uns währenddessen nicht beobachten kann. Er merkt sich dann nur, wo wir verschwunden sind und muss ab da seine Nase einsetzen, um den Dummy zu finden.

4. Im Dickicht untertauchen. Nach und nach können wir längere „Spuren legen", die der Hund verfolgen muss. Durch diese gezielte Übung im Unterholz steigern wir den Grad der Ablenkung und sorgen dafür, dass unser Geruch für ihn interessanter wird als der von Hase, Reh oder Kaninchen.

1

2

3

1. Nelly wartet geduldig, während Michelle geht, …

2. … um die Dummys im Gebüsch zu verstecken.

3. Nelly erinnert sich und nutzt ihre Nase beim Finden.

1

2

3

4

1. Svenja wirft zwei Dummys …
2. … und verbuddelt den dritten in einem Maulwurfshügel.
3. Didi soll erst die geworfenen Dummys bringen …
4. … und wird dann zum Ausbuddeln der Beute geschickt.

DUMMYS VERGRABEN

SS: 4 – 8
KK: Beobachtungsgabe, Konzentrations- und Erinnerungsvermögen
BB: Attraktion durch spannende Aktionen
Spielziel: Wir vergraben den Dummy – unter einem Laubhaufen, einer Moosdecke oder im Maulwurfshügel. Der Hund muss beobachten, erinnern, suchen, finden und buddeln!

1. Verstecken. Der Hund soll genau beobachten, was wir mit dem Dummy machen und darf ihn zeitverzögert holen. Dazu werfen wir die ersten beiden Dummys und gehen mit dem dritten Dummy abseits des Weges und verbuddeln ihn oder bedecken ihn mit Laub, sodass er die ersten Male nur wenig, irgendwann dann gar nicht mehr zu sehen ist. Wichtig: Stellt euch beim Buddeln so hin, dass der Hund euch gut beobachten kann.
2. Verzögertes Holen. Jetzt soll der Hund zuerst wieder die beiden geworfenen Dummys bringen und sich anschließend daran erinnern, wo das dritte Apportel versteckt wurde. Hier sind Erinnerungsvermögen und Naseneinsatz gefragt, denn er kann den Dummy ja kaum oder gar nicht mehr sehen.
3. Für Überforderte. Hat der Hund vor lauter Aufregung vergessen, was wir mit dem dritten Dummy gemacht haben, helfen wir ihm natürlich beim Suchen. Wir dürfen nie die Macht von Glücksgefühlen beim Lernen unterschätzen: Nach dem Stress des Aushaltens und Suchens ist die richtige Lösung wichtig, um Gelerntes zu festigen und sich schlau genug für neue Herausforderungen zu fühlen.
4. Besser machen. Haben wir unseren Hund überfordert, sollten wir bei der nächsten Buddelaktion die Anforderung herunterschrauben, damit ein schnelles Erfolgserlebnis ohne unsere Hilfe garantiert ist: Diesmal verstecken wir den Dummy ziemlich offensichtlich, werfen statt zwei, nur einen Dummy vorab und freuen uns grandios, wenn sich unser Hund richtig erinnert und das Apportel ganz allein gefunden hat.

Abwechslungsreiche Aufgaben, denen die Hunde gewachsen sind, motivieren sie sehr.

VERZÖGERTES HOLEN

SS: 8 – 10
KK: Frustrationstoleranz, Belohnungsaufschub, Erinnerungsvermögen
BB: Immer neue Ideen aus dem Hut zu zaubern, macht uns interessant.
Spielziel: Jetzt muss sich der Hund nicht nur merken, wo der Dummy gefallen ist, sondern auch, von wo aus er geworfen wurde.

1. Absetzen, Werfen, Weitergehen. Wir setzen den Hund ab und gehen dann weiter. Nach ungefähr zehn Metern werfen wir den Dummy von unserem jetzigen Standort (Wurfpunkt) aus ins Unterholz oder auf die Wiese neben den Weg. Bleibt kurz stehen und schaut konzentriert zum Fallpunkt. Dann setzen wir unseren Weg fort, während der Hund immer noch sitzen bleiben soll – und kommen nach weiteren zehn Metern am „Wartepunkt" an.
2. Suchen lassen. Jetzt verharren wir einen kurzen Moment und schicken den Hund dann zum Holen: „Such, Apport!" Beim ersten Mal wird mancher Kandidat zu uns laufen. Dann gehen wir mit ihm bis zum „Wurfpunkt" zurück und schicken ihn von dort aus in die Suche. Während der Hund sucht, gehen wir zurück zum „Wartepunkt" und nehmen dort den Dummy mit großer Freude in Empfang!
3. Falls Fehlermeldung. Ist der Hund überfordert und kann sich nicht so viel auf einmal merken, beziehungsweise wird durch das Weitergehen von der eigentlichen Aufgabe abgelenkt, senken wir die Anforderung: wir gehen nicht zehn, sondern nur drei Meter bis zum Wurfpunkt und dann nur einen Meter weiter bis zum Wartepunkt. Klappt diese Aufgabe gut, können wir die Entfernungen nach und nach erhöhen.
4. Noch schwieriger. Wenn das verzögerte Holen gut klappt, können wir wie beim Findefuchs-Spiel auf Seite 91 anfangen, den Hund zu uns zu rufen und erst von dort aus zum Wurfpunkt zu schicken. Dann muss er sich zusammenreißen und am Fallpunkt vorbei laufen – und darf es erst auf unser Signal hin holen.

DUMMY-PROFIS KÖNNEN VIEL

Hunde werden immer besser darin, ihre Nase einzusetzen und sich Abwurfpositionen, Fallpunkte und besondere Verstecke zu merken.

1

2

1. Mit dem geholten Dummy über einen Baumstamm balancieren …

2. … oder über unser Bein springen ist für den Hund eine extra Herausforderung.

BEIM BRINGEN BALANCIEREN & SPRINGEN

SS: 9 – 10
KK: Generalisieren, kreatives Kombinieren, Multitasking-Fähigkeiten
BB: Applaus und Anerkennung verbindet.
Spielziel: Auf dem Weg zurück zu uns soll der Hund über unser ausgestrecktes Bein springen (Seite 20), über einen Baumstamm balancieren oder unter einer Bank hindurchkriechen.

1. Springen üben. Wenn der Hund mit dem Dummy im Maul über unser Bein springen soll, sollten wir den Sprung vorher in verschiedenen Situationen ausgiebig geübt haben, sodass er fest mit dem Signalwort „Hopp" verknüpft wurde (siehe Seite 20).
2. Bringen und Springen. Jetzt werfen wir den Dummy, schicken ihn zum Holen und strecken unser Bein aus, während er auf dem Weg zurück zu uns ist. Während er sich nähert, rufen wir das ihm vertraute „Hopp!" und loben ihn grandios, wenn er danach den Dummy abgibt.
3. Neue Hindernisse dazunehmen. Klappt diese neue Spielvariante sicher, können wir ihn auffordern, auf dem Rückweg über die Bank zu balancieren/durch einen Agility-Tunnel zu laufen/über eine Mauer zu springen und uns erst danach den Dummy zu geben.

FÜR WASSERRATTEN

SS: 4 – 10
KK: Generalisieren, kombinieren, spontan richtig reagieren
BB: Neue Elemente verdoppeln das gemeinsame Abenteuer.
Spielziel: Ein oder mehrere Dummys müssen aus dem Wasser apportiert werden. Auch hier soll der Hund auf die Handzeichen achten, die ihm die Richtung anzeigen.

1. Schwimmen statt laufen. Ist es warm genug, können wir am Badesee üben: Wie bei der „Landübung" setzen wir den Hund ab und werfen beim ersten Mal nur einen Dummy ins Wasser. Nach kurzem Spannungsaufbau schicken wir den Hund dann mit „Apport ' ins Wasser. Übrigens auch eine tolle Methode, um Hunden Schwimmen beizubringen (Seite 104).
2. Erst abgeben, dann schütteln. Apportierprofis bestehen darauf, dass der Hund den Dummy abgeben muss, bevor er sich schütteln darf – eine echte Herausforderung, die aber nicht nötig ist, wenn wir keine Prüfungen ablegen möchten.
3. Zu Wasser und an Land. Jetzt können wir das nasse Element ins Dummy-Spiel integrieren: Ein paar Dummys werden wie gewohnt an Land geworfen oder versteckt – und einer oder mehrere ins Wasser! So kann das Dummy-Spiel gerade im Sommer durch neue Herausforderungen aufgefrischt werden.

1. Knox liebt es, die Dummys aus dem Wasser zu holen.

2. Er gibt sie mir auch zuerst ab, bevor er sich schüttelt.

1

2

AUF DER PIRSCH

SS: 5 – 8
KK: Impulskontrolle, Belohnungsaufschub, Kooperationsfreude
BB: Synchronisation von Bewegungen verstärkt die Bindung.
Spielziel: Der Hund darf nicht losrennen, sondern soll sich gemeinsam mit uns an den Dummy „anpirschen". Erst am Ende darf er den Dummy holen.

1. Weit werfen. Wir werfen den Dummy sehr weit weg, während der Hund neben uns sitzen bleiben soll.
2. Anpirschen. Jetzt „schleichen" wir uns geduckt neben unserem Hund an die Beute an. Dazu sagen wir am Anfang „Fuß Pirsch" um ihm zu verdeutlichen, was wir wollen: nebeneinander schleichen. Das „sch" können wir in die Länge ziehen, so koppelt er den Laut mit der neuen Handlung. Hat der Hund Schwierigkeiten damit, sich zu drosseln, können wir ihn an die Leine nehmen, die wir irgendwann wieder ausschleichen sollten. Mit der Zeit können wir das Signalwort „Fuß" weglassen und nur noch „Pirsch" sagen und der Hund wird neben uns „schleichen".
3. Ablegen. Auf dem Weg zum Dummy gehen wir in die Hocke und legen den Hund immer wieder neben uns ab. Dazu sagen wir während des Schleichens plötzlich „Und Down"/„Und Platz!" – verharren kurz gehockt neben dem liegenden Hund – und schleichen uns dann mit der Ansage „Pirsch" weiter an den Dummy an. Die Signalwörter können wir irgendwann weglassen und der Hund synchronisiert sich mit unserer Bewegung.
4. Zum Holen schicken. Aus dem letzten „Down"/„Platz" schicken wir ihn dann mit „Apport!" zum Holen der „Beute" und rennen gemeinsam und fröhlich lobend zum Ausgangspunkt zurück. Erst hier lassen wir uns den Dummy in die Hand geben und belohnen den Hund mit einem fröhlichen Spiel!

Noch mehr kreative Dumy-Ideen. Besonders, wenn unser Hund schon viele andere Spiele kennengelernt hat, können wir Dummys sehr kreativ verstecken oder werfen. Sie können zum Beispiel hinter einem Hügel, im hohen Gras oder hinter einem Zaun landen, bei dem der Hund das Schlupfloch kennt („Um die Ecke gedacht", Seite 65). Dummys können auch versteckt im Unterholz fallen gelassen werden, sodass der Hund mit der Nase unsere Spur verfolgen muss („Spurensuche", Seite 80). Andere Dummys werden weit ins hohe Gras oder auf große Entfernung geworfen, sodass unser Hund große Strecken laufen muss. Ihr seht: Eurer Kreativität sind keine Grenzen gesetzt und eure Hunde werden euch für so viele spannende Ideen (noch mehr) lieben!

1

2

3

1. Zusammen anpirschen, das Tempo anpassen …

2. … und sich schleichend nähern, ist spannend.

3. Es sorgt für gute Laune und Spaß bei Mensch und Hund.

KREATIVES KOMBINIEREN

Spiele neu gemixt

Ihr habt bis hierhin schon alle Spiele durchgespielt? Dann könnt ihr anfangen, Spielherausforderungen miteinander zu kombinieren, denn euer Hund kann schon so viel!

Wenn Hunde regelmäßig neue Dinge erleben und lernen dürfen, werden sie immer besser darin, die Erfahrungen zu generalisieren, also auf neue Situationen zu übertragen. Wir fördern auf diese Weise ihre Kreativität, ihr Interesse an der Kommunikation mit uns und ihre Problemlösefähigkeit. Außerdem lieben sie es, zu glänzen und unsere Begeisterung zu spüren – weil wir – natürlich – den schlauesten und tollsten Hund der Welt haben!

SACHEN IN SCHUBLADEN SUCHEN

SS: 8 – 10
KK: Konzentrationsdauer, Beharrlichkeit und Bedürfnisaufschub
BB: Wir sind toll, weil wir immer neue Ideen aus dem Hut zaubern.
Spielziel: Den Hund nachdenken und kreativ Lösungen finden lassen.

1. Schubladengepolter. Euer Hund sucht indoor schon mit Leidenschaft nach versteckten Spielzeugen und hat gelernt, eine Schublade aufzuziehen (Seite 37)? Dann könnt ihr diese beiden Spiele miteinander kombinieren. Das erste Mal setzt ihr ihn im Raum nebenan ab, geht mit dem Spielzeug zur Schublade mit Seil, öffnet sie geräuschstark, lasst das Spielzeug hineinfallen und schließt sie wieder. Dann geht ihr ruhig zum Hund zurück – und schickt ihn zum Suchen! Euer kluger Hund wird garantiert genau gehört und seine Schlüsse daraus gezogen haben, wo das Spielzeug versteckt sein könnte. Manche rennen drauflos und suchen trotzdem erst

mal wild im Raum und erinnern sich erst dann an die „Geräuschkulisse“. Andere Kandidaten rennen zielstrebig zur Schulblade, öffnen sie und kommen stolz wie Oskar mit dem Spielzeug zurück.

2. Wiederholung. So oder so: Haltet euch zurück, gebt erst Hinweise, wenn der Hund wirklich ratlos sein sollte. In diesem Fall nutzt ihr das Versteck schnell noch mal, auch in den folgenden Tagen immer mal wieder, aber nicht jedes Mal.

3. Denken lassen. Eine Steigerung wäre, den Hund in weiter entfernten Räumen und immer länger warten zu lassen, sodass er nicht mehr hören kann, wo das Spielzeug versteckt wurde. Jetzt muss er wirklich nachdenken und alle Optionen durchgehen, um Erfolg zu haben. Ist es in der Schublade, hinter einem Kissen oder im Regal? Hunde können auf diese Weise wirklich lange suchen und uns dadurch Zeit schenken, um in Ruhe Zeitung zu lesen.

Hunde mit viel Spielerfahrung kombinieren schnell.

Natürlich kann Knox auf dem Rückweg noch mal hüpfen.

HINSETZEN, SOCKE FINDEN, HÜPFEN

- **SS:** 10
- **KK:** Viel verstehen, Problemlösung und nachdenken
- **BB:** Kooperation auf so hohem Niveau kickt das Bindungssystem.
- **Spielziel:** Der Hund reagiert schnell und richtig auf unterschiedliche Signalwörter oder Pfeiftöne.

Auf der Hunderunde lasst ihr heimlich den Handschuh/die Socke fallen und geht ein gutes Stück weiter (Seite 85). Der Hund rennt vor und ihr setzt ihn plötzlich mit eurem Signalwort aus der Bewegung und Distanz ab (Stop and Go, Seite 72). Lobt ihn ruhig auf Entfernung und ruft ihn dann zu euch. Streckt euer Bein aus und lasst ihn beim Zurückkommen über dieses springen.
Direkt danach schickt ihn dann mit: „Oh nein, ich hab den Handschuh verloren!“ los auf die Suche.
Viele Hunde sind besonders am Ende überrascht, wenn die Ansage zur Verlorensuche kommt – man kann ihnen beim Nachdenken zusehen – und dann fällt der Groschen und sie geben Gas! Riesengroße Freude ist das schönste Feedback für so viel Flexibilität im Denken und Reagieren!

ERINNERN, FINDEN, KLETTERN UND AUF DEN ARM SPRINGEN

- **SS:** 8 – 10
- **KK:** Generalisieren, spontan mehrere Fähigkeiten kombinieren.
- **BB:** Schöne Überraschungen kicken die Liebe.
- **Spielziel:** Der Hund soll sich erinnern, Lösungen finden und dann mit dem Spielzeug springen.

1. Erhöhte Ablage. Wir setzen den Hund ab und legen das Spielzeug vor seinen Augen an einen erhöhten Ort, den er nur kletternd erreichen kann. Also zum Beispiel im Haus, indem er auf einen Stuhl springen muss, um an das Spielzeug zu gelangen, das im Regal abgelegt wurde. Oder draußen auf einen Baumstumpf, um das in der Astgabel abgelegte Zerrseil zu erreichen (Seite 83).

2. Merken, Suchen und Springen. Jetzt gehen wir eine Runde spazieren und schicken ihn entweder zu Hause oder auf dem Rückweg in die Suche. Auf dem Weg zu uns soll er mit der „Beute" im Maul auf unseren Arm springen (Seite 25) und wird zur Belohnung für so viel Klugheit gejagt und dabei mit eintausend Lobwörtern (mindestens!) gefeiert!

Cooper freut sich genauso über seine Leistung wie Babs.

Das „Endlich-suchen-Dürfen" ist die tollste Belohnung für Knox.

ANPIRSCHEN, FINDEN UND BRINGEN

- **SS:** 10
- **KK:** Impulskontrolle, Naseneinsatz
- **BB:** Synchronisation und geteilter Spaß stärken den Zusammenhalt.
- **Spielziel:** Der Hund soll nicht nur den Tannenzapfen finden, sondern sich beim Holen zügeln.

Wir lassen den Tannenzapfen fallen („Nadel im Heuhaufen", Seite 89) und gehen zum Hund zurück. Dann gehen wir mit ihm weiter (Seite 90). Jetzt bleiben wir stehen und schicken ihn zum Holen – aber nicht alleine, sondern er soll sich mit uns zusammen in die Nähe des Tannenzapfens „pirschen" (Seite 128). Danach soll er ihn finden und bringen – und wir werfen den Zapfen zur Belohnung weit und jagen ihn danach und freuen uns gigantisch über einen Hund, der so viel versteht und kann.

Eurer Kreativität sind keine Grenzen gesetzt! Denkt euch spontan eine neue kleine Herausforderung für euren Hund aus, bei der er ein kleines bisschen aus seiner Komfortzone raus und über eure Worte nachdenken muss. Denkt immer daran: Hunde, die viel erlebt haben und viel können, sind selbstbewusste, kluge Hunde mit viel Freiheiten im Alltag – es sind sehr (!) glückliche Hunde.

SERVICE

Zum Weiterlesen

Brede, Nora und Ute Heberer. **Problem Hund.** Vom Umgang mit herausfordernden Hunden. Kosmos 2025

Brede, Nora, Ute Heberer und Normen Mrozinski: **Aggressionsverhalten beim Hund.** Aggressionsverhalten erkennen, verstehen und richtig reagieren. Kosmos 2017

El Ayachi, Sami und Renée Herrnkind: **Leinenführigkeit.** Der orientierte Hund. Kosmos 2025

El Ayachi, Sami und Renée Herrnkind: **Der zugewandte Hund.** Körpersprache richtig verstehen und anwenden. Kosmos 2021

Engelstädter, Vanessa: **Resilienz bei Hunden.** Hunde im Inneren stärken – Für einen gelassenen Umgang mit Konflikten und Stress. Kosmos 2022

Engelstädter, Vanessa: **Lass die anderen reden.** Stresscoaching für einen gelassenen Umgang mit Menschen und Hunden. Kosmos 2024

Gansloßer, Udo und Kate Kitchenham: **Beziehung – Erziehung – Bindung.** Wie Hunde sich an unserer Seite entfalten können – Forschung im Dienst des Mensch-Hund-Teams. Kosmos 2024

Gansloßer, Udo und Kate Kitchenham: **Hunde-Forschung aktuell.** Anatomie, Ökologie, Verhalten. Kosmos 2019

Grote, Maren: **Frust lass nach.** Impulskontrolle & Frustrationstoleranz. Selbstregulation bei Hunden erfolgreich aufbauen. Kosmos 2025

Grote, Maren: **Hunde lesen lernen.** Hundeverhalten – praxisnah erklärt. Verhalten verstehen und richtig steuern. Kosmos 2022

Heberer, Ute, Katja Schuhmacher, Anna Pietschmann. **Angst beim Hund.** Erkennen, verstehen und richtig reagieren. Kosmos 2024

Kitchenham, Kate: **Die 10 Kompetenzen für Hunde.** Bindung, Intelligenz und Gelassenheit fördern – Spielerisch zum klugen Hund – mit Filmen über die KOSMOS PLUS App. Kosmos 2023

Löffler, Christel: **Ckaraktertypen.** Persönlichkeitsanalyse von Mensch und Hund – für ein besseres Verständnis und Training. Kosmos 2025

Mehl, Robert: **Die Psyche des Hundes.** Wie Prozesse im Gehirn das Verhalten steuern – Komplexe Zusammenhänge anschaulich erklärt. Kosmos 2021

PODCAST

„Vier Pfoten, zwei Beine und 1 000 Fragen“ – mit Kate Kitchenham und Madita van Hülsen. Auf allen Streamingdiensten hörbar.

WEBINARE UND ONLINE-KURSE

Viele spannende Themen und Autor:innen findet ihr in unseren Webinaren und Online-Kursen. Ob Live oder als Aufzeichnung, hier dreht sich alles um den Hund.
https://kosmos-hund.de/

Ganz neu und sehr zu empfehlen: Grote, Maren: **Hunde lesen lernen – Der Onlinekurs**. Kosmos 2025

SOCIAL MEDIA

Ihr möchtet wissen, was los ist? InstaLives, Storys, Zitate, Webinarankündigungen, Buchclips, Gewinnspiele, Take over unserer Autor:innen und vieles mehr findet ihr unter **instagram.com/kosmos.hund** und **facebook.com/kosmos.Hund**
Folgt uns und werdet Teil unserer Kosmos-Hund-Community.

Die Autorin

Kate Kitchenham hat Verhaltensbiologie und Kulturanthropologie in Hamburg studiert. Hier lag ihr Schwerpunkt neben der Ethologie auf der Erforschung der Tier-Mensch-Beziehung. Bereits neben dem Studium hat sie angefangen zu schreiben, so sind in der Zeit seit 1999 viele Fachartikel in unterschiedlichen Zeitschriften rund um Umwelt, Tiere, Verhalten und natürlich Hunde entstanden. Zudem ist sie Autorin von zwölf Fachbüchern.

Seit 2014 ist sie als Fernsehmoderatorin tätig – bis 2017 für das ZDF mit der Sendung „Der Haustier-Check“ und seit Herbst 2019 mit der VOX-Sendung „Tierisch beste Freunde!“. Seit Frühjahr 2021 ist Kate wöchentlich als Moderatorin im VOX-Format „Hund Katze Maus“ zu sehen, immer mit Knox und jetzt auch mit Boo an ihrer Seite. Fast gleichzeitig hat sie den Podcast mit Madita van Hülsen „Vier Pfoten, zwei Beine & 1 000 Fragen“ gestartet. In den letzten Jahren war sie außerdem viel in Deutschland und der Schweiz unterwegs und hat für diverse Veranstalter:innen Seminare und Vorträge und in ihrem Heimatort Lüneburg Gruppencoachings mit dem Schwerpunkt „Mein Hund und ich – Beziehung, Erziehung, Bindung“ gegeben.

Danksagung

Dieses Buch gäbe es nicht ohne Knox. Er ist mein kleiner Schatten, mein bester Freund, mein loyaler Begleiter auf ewigen Zugreisen und in nächtlichen Bahnhofshallen, auf langen Drehtagen die für ihn hauptsächlich aus Zugucken, wie ich mit anderen Hunden und Menschen Spaß habe, und aus Warten bestehen. Und dann soll er auf Knopfdruck kameratauglich abliefern. Und er liefert ab. Jedes Mal, zuverlässig und vor allen Dingen – mit Spaß! Wenn er endlich dran ist und zeigen darf, was wir zusammen können, ist das für meinen kleinen Angeber der schönste Glücksmoment. Er und ich – jede Herausforderung wird gemeinsam mit Mut und Siegeswillen geschafft. Wir haben so viel zusammen erlebt, gelernt, gemeistert – und die Grundlage all dessen war immer tiefes Vertrauen, große Liebe und – die Freude am Spielen! Um das zu erreichen habe ich unterschiedlichste Spiele mit ihm gespielt, die ihn auf all die Herausforderungen im Leben und am Set vorbereiten. Genau diese Spiele findet ihr in diesem Buch – für alle, die auch Lust auf fröhliches und effektives Lernen mit Hintersinn haben. Knox ist der Ideengeber und sein Humor und Esprit spricht zu euch durch jede Seite dieses Buches und schafft es hoffentlich, auch euch mit unserer großen Freude am Spielen anzustiften. Danken möchte ich auch Boo, die vieles, was ich schon immer so gemacht habe, in Frage stellt und mich zum Neudenken bewegt. Ein neuer Hund, ein neues Spielen, Lernen, Zusammensein – wie wunderbar ist das! Ich freue mich auf all die Abenteuer, die ich mit dieser witzigen, charakterstarken kleinen Hündin erleben und was ich alles durch sie lernen darf! Der weltbesten und liebenswertesten Hundefotografin Anna Auerbach danke ich für zwei Tage Fotomarathon, um dieses Buch zu bebildern. Wir sind um 4 Uhr aufgestanden für das schönste Morgenlicht und haben abends bis 20 Uhr fotografiert, um das schönste Abendlicht zu erwischen. Danke Anna, für deine Fröhlichkeit und dein Können! Und natürlich hätte uns all das nichts genützt ohne die bezaubernden zwei- und vierbeinigen Fotomodels, die gekommen sind und so toll mitgemacht haben. Zum Schluss ist dieses Buch durch die professionellen Hände meiner Lektorin Alice gegangen, die es wieder einmal geschafft hat, aus den Unmengen schöner Fotos die allerschönsten auszusuchen, mit dem Text zusammenzuführen und daraus dieses ansprechende Buch zu gestalten. Danke, liebe Alice!

Register

BILDNACHWEIS

215 Farbfotos wurden von Anna Auerbach/Kosmos für dieses Buch aufgenommen. Weitere Farbfotos von Trio Bildarchiv/Kerstin Berthelmann (1: S. 60) und Trio Bildarchiv/Sara Glawe (1: S. 61).

IMPRESSUM

Umschlaggestaltung von GRAMISCI Editorialdesign/Stefanie Wawer unter Verwendung von 19 Farbfotos von Anna Auerbach/Kosmos und 3 Farbzeichnung(en) von Shutterstock/Tartila (vordere Innenklappe u. l. und u. r.) und Shutterstock/YummiBuum (o. r.)

Mit 226 Farbfotos und 3 Farbzeichnungen.
Mit fünf Filmen in der KOSMOS PLUS APP von © Kate Kitchenham.

Alle Angaben in diesem Buch erfolgen nach bestem Wissen und Gewissen. Sorgfalt bei der Umsetzung ist indes dennoch geboten. Der Verlag und die Autorin übernehmen keinerlei Haftung für Personen-, Sach- oder Vermögensschäden, die aus der Anwendung der vorgestellten Materialien, Methoden oder Informationen entstehen könnten.

Unser gesamtes Programm finden Sie unter **kosmos.de.**
Über Neuigkeiten informieren Sie regelmäßig unsere Newsletter, einfach anmelden unter **kosmos.de/newsletter**

Gedruckt auf chlorfrei gebleichtem Papier

ISBN 978-3-440-18159-1
Redaktion: Alice Rieger
Gestaltungskonzept: GRAMISCI Editorialdesign/Cornelia Sekulin, München
Gestaltung und Satz: Atelier Krohmer, Dettingen/Erms
Produktion: Angela List
Druck und Bindung: Westermann Druck Zwickau GmbH, Zwickau
Printed in Germany / Imprimé en Allemagne

FSC
www.fsc.org
MIX
Papier | Fördert gute Waldnutzung
FSC® C110508